物理能量转换

图文并茂，具有趣味性、知识性

PUSHUOMILIDEREDONGLIXUE

扑朔迷离的热动力学

编著◎吴波

中国出版集团
现代出版社

图书在版编目（CIP）数据

扑朔迷离的热动力学／吴波编著．—北京：现代
出版社，2013.1（2024.12重印）
（物理能量转换世界）
ISBN 978 - 7 - 5143 - 1041 - 2

Ⅰ.①扑… Ⅱ.①吴… Ⅲ.①热力学 - 动力学 - 青年
读物②热力学 - 动力学 - 少年读物 Ⅳ.①O414 - 49

中国版本图书馆 CIP 数据核字（2012）第 292892 号

扑朔迷离的热动力学

编　　著	吴　波
责任编辑	李　鹏
出版发行	现代出版社
地　　址	北京市朝阳区安外安华里 504 号
邮政编码	100011
电　　话	010 - 64267325　010 - 64245264（兼传真）
网　　址	www. xdcbs. com
电子信箱	xiandai@ cnpitc. com. cn
印　　刷	唐山富达印务有限公司
开　　本	710mm×1000mm　1/16
印　　张	12
版　　次	2013 年 1 月第 1 版　2024 年 12 月第 4 次印刷
书　　号	ISBN 978 - 7 - 5143 - 1041 - 2
定　　价	57. 00 元

前 言

　　火的利用和控制，是人类第一次支配了自然力，使人类文明大大前进了一步，同时，它也是古人对热现象认识的开端。我国山西省芮城西侯度旧石器的遗址，说明大约 180 万年前人类已经开始使用火。对冷热的认识。约在公元前 2000 年，我国已有气温反常的记载，在西周初期，人们开始掌握降温术和高温术。

　　自然界物质运动形式具有多样性，除了存在如汽车、火车的运行，车床飞轮的飞转，天体运动等一类现象之外，还有物质的热胀冷缩、热传导、扩散，导体电阻率随温度变化及物质可进行固、液、气 3 种状态的变化等另外一类现象。前者的特征是物体的空间位置发生变化，被称为机械运动现象，力学研究其规律；仔细分析后一类现象，会发现存在一共同的特点，即都与温度有关。我们将这一类的物质物理性质随温度变化的现象称为热现象。

　　本书从日常生活中常见的热学现象入手，逐章介绍了热学现象中蕴含的热学原理，以及热学主要定律、定理和发现、创建这些热学基础的科学家。叙述了热学的构成体系和热学的应用，是一本浅显易读的科普读物。

目 录

生活现象中的热学原理

水杯里的热为什么会跑掉 …………………………………… 1

冰棍冒气 …………………………………………………………… 3

粘手的铁块 ……………………………………………………… 5

飞机的烟迹 ……………………………………………………… 8

开水不响，响水不开 ………………………………………… 11

开水不一定是熟水 …………………………………………… 13

膨胀的金属环 …………………………………………………… 15

暖气片安在什么地方最暖 ………………………………… 17

棉袄能给你热量吗 …………………………………………… 18

热气球运动 ……………………………………………………… 21

"热得快"的奥秘 ……………………………………………… 23

温度计里的奥秘 ………………………………………………… 25

"温暖"的冰屋 ………………………………………………… 28

热学揭秘

热　学 …………………………………………………………… 33

温度与温标 ……………………………………… 39

温度的测量 ……………………………………… 43

热　能 …………………………………………… 48

热胀冷缩——热平衡的表现 …………………… 55

热传递三方式 …………………………………… 58

蒸发和沸腾 ……………………………………… 62

能量守恒和转化定律的发现 …………………… 66

热力学第二、第三定律 ………………………… 76

宇宙热寂说与"黑洞理论"的探讨 …………… 79

热学简史

热本性说 ………………………………………… 85

近代热学 ………………………………………… 92

中国古代热学发展史 …………………………… 95

蒸汽机的革命 …………………………………… 99

热与能转化的机器——内燃机 ………………… 103

传导理论的建立 ………………………………… 112

分子的热运动 …………………………………… 116

混合量热问题 …………………………………… 120

潜热的发现 ……………………………………… 123

热与环境

可怕的温室效应 ………………………………… 128

酷暑寒冬的厄尔尼诺 …………………………… 133

冷热交替的拉尼娜 ……………………………… 139

城市里的热岛效应 ……………………………… 142

热的应用

地热能 …………………………………………… 147

太阳能……………………………………………………… 152

海洋温差能………………………………………………… 155

人造太阳…………………………………………………… 160

太阳能热水器……………………………………………… 167

液晶态与等离子体………………………………………… 171

超导的发现和应用………………………………………… 177

节流制冷…………………………………………………… 181

生活现象中的热学原理

SHENGHUO XIANXIANG ZHONG DE REXUE YUANLI

> 　　水杯里的热水为什么会变凉？冰冻的冰棍怎么会冒气？暖气片安在什么地方屋里最暖和？这些我们司空见惯的涉及热学的现象，却少有人能说出其中包含的科学道理。
>
> 　　热学作为物理学的一门分支学科，其任务是专门研究与物质冷热程度有关的以热现象为主要标志的物质热运动规律的学科。举凡我们涉及的几乎所有与温度、冷热相关的现象都能在这个学科中得到科学的解释。如果你想知道上面列举问题的答案，请跟我来吧！

水杯里的热为什么会跑掉

　　倒一杯开水，把它放在空气中，不一会儿，这杯水就凉了。但是，如果把开水灌入热水瓶中，就可以较长时间地保持开水的温度。热水瓶能够保温，是由热水瓶胆的构造特征所决定的。原来，热水瓶胆由两层薄的玻璃外壳组成，两层外壳之间抽去空气，并在瓶胆一侧镀上一层薄薄的银。热水瓶胆有一个比它"身体"部分细得多的瓶口，瓶口上可以塞上软木塞。正是这样的构造使热水瓶成了"心肠热，外表冷"的保温瓶。

保 温 瓶

当热水瓶中灌入开水以后，热水瓶的结构使水的热量不能以通常方式进行传递。一是热的对流被切断。瓶内被加热的空气会寻找所有可能的"出口"往外跑，而外面的冷空气也会无孔不入地钻进热水瓶里去。但是，由于瓶颈较细，又被软木塞紧紧地塞住，因此热对流的唯一通道被切断。二是热传导被阻塞。虽然与金属物品相比，空气的导热性能比较差，但瓶胆中的热量仍然会通过玻璃外壳传递到瓶外的空气中去。但是，由于瓶胆有两层玻璃外壳，中间又抽成真空，因此热传导的媒介物——空气变得非常稀薄，热传导的通道也被阻断。三是热辐射被杜绝。冬天，在太阳光下，我们会感到比较暖和，这正是太阳光的热辐射造成的。由于热水瓶胆镀上了一层薄薄的银，因此热量的辐射受到了银层的反射而被挡在瓶胆内部，这就使得热辐射的途径也被杜绝了。理想的情况是，瓶胆把传热的3种方式都阻断以后，热水瓶中的热水可以永久地不会冷却下来。但是，实际上热水瓶的隔热效果并不那么完善，因此热水瓶的保温总有一个时间的限度，超过这个时间限度，热水瓶就不再保温了。

知识点

导 热 性

金属传导热量的性能称为导热性。一般说导电性好的材料，其导热性也好。若某些零件在使用中需要大量吸热或散热时，则要用导热性好的材料。如凝汽器中的冷却水管常用导热性好的铜合金制造，以提高冷却效果。

导热性能好的物体，往往吸热快，散热也快。

其大小用热导率来衡量,热导率的符号是λ,单位是 W/(m·K)。

纯金属的导热性好,其中银(约418.6)最好,铜(约393.5),铝(约211.9)次之,钨(约166.2),镁(约153.7)等再次之。

合金的导热性比纯金属差。

延伸阅读

真空(vacuum),按其词源本义是虚空,即一无所有的空间。

在真空科学中,真空的含义是指在给定的空间内低于1个大气压力的气体状态。人们通常把这种稀薄的气体状态称为真空状况。这种特定的真空状态与人类赖以生存的大气在状态上相比较,主要有如下几个基本特点:

(1)真空状态下的气体压力低于1个大气压,因此,处于地球表面上的各种真空容器中,必将受到大气压力的作用,其压强差的大小由容器内外的压差值而定。由于作用在地球表面上的1个大气压约为 101 325N/m^2,因此当容器内压力很小时,则容器所承受的大气压力可达到1个大气压的压力。

(2)真空状态下由于气体稀薄,单位体积内的气体分子数,即气体的分子密度小于大气压力的气体分子密度。因此,分子之间、分子与其他质点(如电子、离子等)之间以及分子与各种表面(如器壁)之间相互碰撞次数相对减少,使气体的分子自由程增大。

冰棍冒气

炎热的夏天,热气逼人,吃上一根冰棍才舒服呢!你注意过吗,冰棍从冷藏箱里拿出来往往还冒"气"哩!

真有趣,通常只有热的东西才冒气,冰棍为什么会冒气呢?

夏天的气温比冰棍的温度高得多,冰棍一遇到空气就要融化,融化时要从周围的空气中吸收大量的热,使空气的温度下降。平时空气里含有一定量

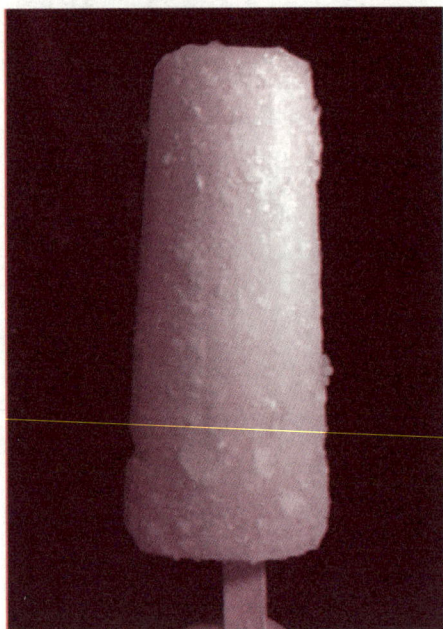

冰　棍

的水蒸气，由于温度突然降低，就达到饱和或过饱和状态。也就是说，冰棍周围的空气由于温度降低，便容纳不下原来所含的那么多水蒸气了。在这种情况下，多余的水蒸气就结成微小的水珠，形成一团团悬浮着的雾状水滴，经光线照射，就成了白色的水汽。

云、雾、雨、雪形成的原因也是这样。江河湖海里的水，受到阳光照射后，不断地变成水蒸气，飘散在空气中，含有水蒸气的空气受热上升，升到一定高度，遇到冷空气，就凝成一团团悬浮的小水滴，这便是云。靠近地面的水蒸气，遇冷也能结成一团团悬浮的小水滴，这就是雾。所以云和雾在本质上是相同的。在合适的条件下，云里的小水滴不断地合并成大水滴，直到上升的气流托不住它的时候，便降落下来，形成雨。如果是冬季，这些水滴就结晶成雪花漫天飘舞。不过，空气中饱和水汽的凝结，必须有它凝结的"核心"才行，这个核心就是飘浮在空气中的尘埃，它是促进云、雾、雨、雪形成的必要条件之一。

云雾的秘密，使英国物理学家威尔逊受到很大启发。经过研究，他于1894年发明了一个叫做"云雾室"的装置，它里面充满了干净空气和酒精（或乙醚）的饱和汽。如果闯进去一个肉眼看不见的带电微粒，它就成了"云雾"凝结的核心，形成雾点，这些雾点便显示出微粒运动的"活足迹"。因此，科学家可以通过"云雾室"，来观察肉眼看不见的基本粒子（电子、质子等）的运动和变化情况。同时，还发现了不少新的基本粒子。威尔逊云雾室，为研究微观世界作出了卓越贡献，1927年，他因此荣获了诺贝尔物理学奖。

知识点

凝　结

凝结：指液体遇冷变成固体，气体因压力增加或温度降低变成液体。此两种现象都是凝结。

延伸阅读

结晶：热的饱和溶液冷却后，溶质以晶体的形式析出这一过程叫结晶。

从液态（溶液或熔融物）或气态原料中析出晶体物质，是一种属于热、质传递过程的单元操作。从熔融体析出晶体的过程用于单晶制备，从气体析出晶体的过程用于真空镀膜，而化工生产中常遇到的是从溶液中析出晶体。根据液固平衡的特点，结晶操作不仅能够从溶液中取得固体溶质，而且能够实现溶质与杂质的分离，借以提高产品的纯度。

早在 5 000 多年前，人们已开始利用太阳能蒸浓海水制取食盐。现在结晶已发展成为从不纯的溶液里制取纯净固体产品的经济而有效的操作。许多化工产品（如染料、涂料、医药品及各种盐类等）都可用结晶法制取，得到的晶体产品不仅有一定纯度，而且外形美观，便于包装、运输、贮存和应用。

粘手的铁块

在严冬里，我们都有过这样的经验，就是不敢用裸露的湿手直接去摸铁器，因为，手会被铁器粘住，甚至能粘下一块皮来。这是为什么？为什么去摸木头就不会这样呢？

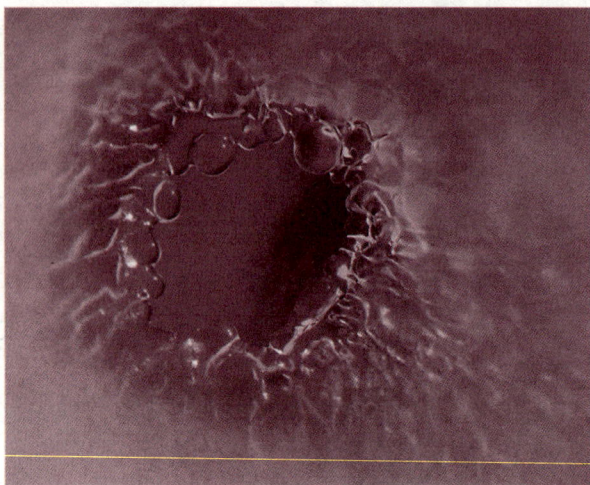

冰　冻

其原因是：铁是热的良导体，它能把手上的热迅速地传导出去，使手表面的温度下降，手的表面是潮湿有水汽的，水汽冻结在铁块上，也就把你的手冻在上面。而木头是热的不良导体，所以不会立即把你手上的热导走。

铜、铝、铁等金属，都是热的良导体；非金属是热的不良导体，例如：木头、塑料、玻璃等，用一个小实验可以证明：

把钢勺、铝勺、瓷勺、塑料勺插进同一只玻璃杯中，在勺柄的同一高度上用动物油或擦手油粘上一粒小豆子。现在你想一想，如果往杯子里倒入热水，哪一个勺柄上的豆子先掉下来。

实验的结果会告诉你：铝勺上的油融化得最快，豆子先掉下来。接着掉下来的是钢勺、瓷勺，而塑料勺上的豆子则会在很长的时间内都不掉下来。

如果你找不到那么多种勺子，也可以用铜丝、铝丝、铁丝、塑料条来代替。豆子也将按照这个顺序掉下来。

还有一个实验也十分有趣：用一块棉布裹上一枚硬币，绷紧一点，把一支点燃的香烟摁在绷着硬币的棉布上，直到香烟熄灭为止。然后打开看，棉布没有被烧坏，只留下一个烟斑。

原因是烟头的热量被热的良导体金属制的硬币导走，不能使棉布达到烧燃的温度。当然，如果不立即摁灭烟头，慢慢在棉布旁边烧，棉布也会被烧坏的。

知识点

导　体

　　导体是容易导电的物体，即是能够让电流通过它的材料；不容易导电的物体叫绝缘体。金属导体里面有自由运动的电子，导电的原因是自由电子。半导体随温度其电阻率逐渐变小，导电性能大大提高，导电原因是半导体内的空穴和电子对。在科学及工程上常常利用欧姆来定义某一材料的导电程度。

延伸阅读

　　19 世纪的一个冬天，俄国彼得堡的天气异常寒冷。彼得堡军用仓库管理员向军队发放了崭新的军大衣。官兵们接到这批军大衣后，发现所有的军大衣都没有钮扣。他们非常气愤，于是上告到沙皇那里。沙皇听了勃然大怒，下令要严惩监制军装的大臣。大臣哀求沙皇宽限他几天，以便进行调查。

　　大臣到了仓库，一看别的军装也都没有扣子。管理员告诉他，军装入库时是有扣子的。为什么军装在仓库里钮扣就消失了呢？大臣非常惊奇。他又仔细观察了一会儿，发现钉扣子的线没有割断的痕迹，只是在每个钉扣子的地方有一小堆灰色粉末。管理员告诉他，军装上原来钉的是锡做的钮扣。

　　"为什么锡扣子在仓库里变成灰色粉末了呢？"大臣百思不解，找到了彼得堡科学院，请他们给予解释。科学家们为这个问题绞尽了脑汁。后来，一位科学家跑到大臣那里，说他能解开这个谜。大臣半信半疑，就和科学家一起去拜见沙皇，说锡钮扣变成粉末是天冷冻的。沙皇不相信，非要科学家拿出证据不可。科学家要了一把锡酒壶放到花园里的一个石头桌子上。几天以后，科学家和大臣陪同沙皇一起到花园去观察锡壶。一看，锡壶仍旧放在那里，沙皇、大臣不约而同地怒视着科学家。科学家胸有成竹地走到锡壶跟前，轻轻地用手指一捅，锡酒壶就像沙子堆似的塌了下来，变成一堆粉末。科学家解释说，因为今年冬天天气特别冷，所以把军大衣上的锡钮扣和锡酒壶冻成锡粉末了。寒冷为什么会把锡钮扣冻成锡粉呢？

原来，锡有两种同素异性体。在熔点以下，18℃以上时，锡为白色，叫白锡，很稳定，具有四方晶格，密度为7.3克/立方厘米；温度低于18℃时，锡多为灰锡，其结晶为钻石形的立方晶格，密度为5.85克/立方厘米。锡随温度的降低由白锡变为灰锡时，其晶格结构要发生改变，其体积增加30%左右，锡便崩解了。人们把锡的崩解，叫做"锡疫"，也叫做锡的"相变"。但我们为什么不能经常看见锡的这种崩解现象呢？这是因为在温度略低于18℃时，相变速度很慢，随着温度的继续下降，相变速度加快。当温度下降到 – 30℃时，相变速度最快。锡的相变速度除了与温度有关外，还与锡所含的杂质有关。就拿锑来说吧，它就可以减慢锡的相变速度，当锡中含锑量达到0.5%时，就可以阻止相变的发生。

飞机的烟迹

听到头顶传来隆隆的飞机声，抬头望去，往往可以看到：飞机已经从头顶上掠过，后面却拖着一条白烟似的长长的尾巴，这条"白烟尾巴"会渐渐地扩散、变淡，最后消失。也许你会想：这条尾巴大概是飞机燃料燃烧时产生的烟吧，就像汽车和摩托车所排放的废气一样。其实这条尾巴与其说是烟，不如说是云更为恰当，因为它和云更相似。我们知道，云里面有许许多多小水滴和小冰晶，它们是由空气中的水蒸气凝结而成的。形成云需要两个条件：首先要有足够的水蒸气，并且达到了饱和蒸汽压；其次还要有充当凝结核心的尘埃和带电粒子。这样，达到了饱和蒸汽压的水蒸气，就会在凝结核心周围凝结起来，形成小水滴或小冰晶。小水滴和小冰晶紧紧地抱在一起，就是一大片云。

知道了云是怎样形成的，我们再来仔细研究一番飞机的"白烟尾巴"。飞机向前飞的时候，机身原来所占的空间，需要由周围空气来填补，可是，飞机飞得实在太快了，可以超过声音的速度，而空气又是热的不良导体，周围空气填补过来的过程，相当于一个绝热膨胀过程，空气的温度会一下子降低。在高空中，本来就有很多水蒸气，温度一降低，饱和蒸汽压也跟着降低，周围的水蒸气就达到了饱和蒸汽压，这就满足了形成云的第一个条件。另外，飞机燃料燃烧的确排放出一些烟尘，这正好可以充当凝结核心。于是，飞机后面的水蒸气在这些尘粒的周围，迅速凝结了起来，形成许多小水滴和小冰晶，这就是我们看到的飞机后面长长的尾巴。

你可能会问，云可以在空中飘浮很长一段时间，而这条拖在飞机尾巴后面的"云"怎么很快就消散了呢？这是因为两者的体积不同，一朵云的直径至少有几十千米，云也会渐渐消散，飞机尾气形成的"云"体积小得多，且又细又长，自然会很快消散的。

飞机拉先烟

知识点

云

云是指停留在大气层上的水滴或冰晶胶体的集合体。云是地球上庞大的水循环的有形的结果。太阳照在地球的表面，水蒸发形成水蒸气，一旦水汽过饱和，水分子就会聚集在空气中的微尘（凝结核）周围，由此产生的水滴或冰晶将阳光散射到各个方向，这就产生了云的外观。因为云反射和散射所有波段的电磁波，所以云的颜色呈灰度色，云层比较薄时呈白色，但是当它们变得太厚或浓密而使得阳光不能通过的话，它们可以看起来是灰色或黑色的。

延伸阅读

1978年8月间，三位美国飞行家乘坐一只名叫"双鹰2号"的大型充氦气球，飘行万里，首次成功地横渡了大西洋。"双鹰2号"的制作者们精心地设计了它的套袋。他们把球体的上半部分涂成银白色，下半部分涂成黑色，远远望去，就像穿上了白衣黑裙。白天烈日当空，气球吸热后体积变大，就会上升。银白色的上衣将太阳的大部分热反射出去，可以防止气球升得过高而发生危险。到夜晚，气温降低，气球收缩，又有可能急剧下降，落到海里。但是，夜晚海水的温度比气温要高，所以黑色的裙子能够尽量地吸收海面辐射的热量，避免气球的温度下降太多。这身不被人注意的白衣黑裙，对于保证气球的正常飞行，起了重要作用。飞到太空去的宇宙飞船，更要考虑在飞行的时候，向阳那面的温度会高到100多摄氏度，背阴那面的温度却要低到零下200多摄氏度，高低相差300多摄氏度。有什么办法来调节这悬殊的温差呢？你或者会说就像"双鹰2号"气球那样，把飞船向阳的那一面涂成白色，背阴的那一面涂成黑色，行不行呢？不行。因为飞船和气球不一样，它的向阳面和背阴面要时常变换。而且如果没有可吸的热，黑色将会起着很快向外散热的作用呢！

科学家们为飞船设计了合适的衣服：在飞船壳体外表面，整个都涂上一层蓝色或银白色的涂料。阳光在它上面的时候，可以防止温度剧烈升高；它背向太阳的时候，白色又可以起到减少向外散热的保护作用。在飞船壳体的内表面，都涂上了一层黑漆，就像一层黑色的衣服里子。由于它吸热和散热的本领都比较大，可以使壳体内部温度高的那一面的热量大量释放出来，同时使温度低的那一面大量把热吸收进去。这能使舱内的温度保持均衡。

黑色和白色，深色和浅色，不仅把我们的生活点缀得绚丽多彩，而且在很多地方默默地帮助我们工作。

开水不响，响水不开

相信用壶烧过水的人都知道当水还没有被烧开时会发出"吱吱"的响声，而当水沸腾的时候这种响声就会消失。这其中的原因是什么呢？

马德堡半球实验

我们知道，水中溶有少量空气，容器壁的表面小空穴中也吸附着空气，这些小气泡起气化核的作用。水对空气的溶解度及器壁对空气的吸附量随温度的升高而减少，当水被加热时，气泡首先在受热面的器壁上生成。

气泡生成之后，由于水继续被加热，在受热面附近形成过热水层，它将不断地向小气泡内蒸发水蒸气，使泡内的压强（空气压与蒸汽压之和）不断增大，结果使气泡的体积不断膨胀，气泡所受的浮力也随之增大，当气泡所受的浮力大于气泡与壁间的附着力时，气泡便离开器壁开始上浮。

在沸腾前，壶里各水层的温度不同，受热面附近水层的温度较高，水面附近的温度较低。气泡在上升过程中不仅泡内空气压强随水温的降低而降低，泡内有一部分水蒸气凝结成饱和蒸汽，压强亦在减小，而外界压强基本不变，此时，泡外压强大于内压强，于是，上浮的气泡在上升过程中体积将缩小，当水温接近沸点时，有大量的气泡涌现，接连不断地上升，并迅速地由大变小，使水剧烈振荡，产生"嗡，嗡"的响声，这就是"响水不开"的道理。

对水继续加热，由于对流和气泡不断地将热能带至中、上层，使整个容器的水温趋于一致，此时，气泡脱离器壁上浮，其内部的饱和水蒸气将不会凝结，饱和蒸汽压趋于一个稳定值。气泡在上浮过程中，液体对气泡的静压强随着水的深度变小而减小，因此气泡壁所受的外压强与其内压强相比也在逐渐减小，气泡液—气分界面上的力学平衡遭破坏，气泡迅速膨胀，加速上浮，直至水面释出蒸汽和空气，水开始沸腾了。也就是人们常说的"水开了"，由于此时气泡上升至水面破裂，对水的振荡减弱，几乎听不到"嗡，嗡"声，这就是"开水不响"的原因。

知识点

压　强

反映压力作用效果的物理量，指物体单位面积上受到的压力叫做压强。单位：国际制帕斯卡，简称帕（Pa），$1Pa = 1N/m^2$。

延伸阅读

马德堡半球实验

马德堡半球（德语：Magdeburger Halbkugeln），亦作马格德堡半球，是1654年时，当时的马德堡市长奥托·冯·格里克于罗马帝国的雷根斯堡（今德国雷根斯堡）进行的一项科学实验，目的是为了证明真空的存在。而此实验也因格里克的职衔而被称为"马德堡半球"实验。当年进行实验的两个半球仍保存在慕尼黑的德意志博物馆中。现在也有供教学用途的仿制品，用作示范气压的原理，它们的体积也比当年的半球小得多，把两个半球内的空间抽成真空后，不需再用10多匹马，有的只需4个人便可拉开。

开水不一定是熟水

"开水不一定是熟水",这个说法似乎有些怪。人们都知道,口渴的时候,要喝开水,不要喝生水,怎么"开水"又不是熟水呢?

你注意过没有,用锅烧开水的时候,加热一会,就会看到锅底附近出现许多小泡泡,随着温度不断升高,泡泡越来越大。这是因为壶底受热快,紧挨壶底的水首先变成水蒸气,在水中形成泡泡;同时,原来溶解在水中的空气,也因受热析出、膨胀而形成小气泡,周围的热水又会向小气泡里蒸发水蒸气,使气泡慢慢变大。当加热到一定的温度时,水中这些气泡变得相当大,由于浮力作用就会上升,升到水面便破裂开来。这种在液体内部和表面同时进行的急剧的汽化现象,就叫做沸腾。这时,我们就说水烧开了。

水沸腾时的温度叫做水的沸点,我们平常说"水的沸点是100℃"那是指在1个大气压下(标准大气压)水沸腾时的温度。那么水的沸点是不是一成不变呢?不是的。水的沸点是随大气压强的变化而变化的:气压增大了,沸点就升高。因为水面上的大气压力,总是要阻止水分子蒸发出来,所以气压升高的时候,水要化成水蒸气必须有更高的温度。一般在海拔不高的地面上,大气压强基本上是1个大气压。低于海平面的地方(如很深的矿井),气压高于1个大气压,在那里烧水,水的沸点要升高,据测定,深度增加1千米,水的沸点就提高8℃。

相反,气压减小,沸点也就降低。如海拔越高的地方,空气越稀薄,气压也越低,这个地方水的沸点就降低了。在世界之巅的珠穆朗玛峰上烧水,只要烧到73.5℃,水就被烧"开"了。这样的"开水",不能把饭菜煮熟,也不能杀死某些细菌。因此,地质工作者和登山队员在高山上工作时,都要使用高压炊具——高压锅。它是利用高压下沸点升高的原理制成的。密封的锅盖使锅内的蒸汽无法逸出,因此气压增大,沸点提高,饭菜就熟得快了。家用高压锅在正常使用的情况下,锅内气压是1.3个大气压,温度一般在125℃左右。当锅内的气压过高时,锅上的安全阀就自动打开,放掉一部分蒸汽,使气压降低。

在不同的气压下烧的"开"水,温度相差是很大的。我们通常所说的熟水，是指曾经加热到100℃（或者100℃以上）的开水，所以笼统地说开水就是熟水，那是不确切的。

也许有人会这样想：要是把炉火烧得更旺些，开水的温度不就升高了吗？

如果你能找到一支量度范围大于100℃的温度计，不妨测量一下。结果你会发现，温度计里的水银柱上升到一定高度后，尽管不断加大火力，温度再也不升高了。因为沸腾的时候，水不断变成蒸汽冒出来，把炉子传给水的热量带走了。有人做过实验，1克100℃的水，汽化成100℃的蒸汽，需要吸收2 253焦耳的热量。所以，尽管不断加热，壶内的热量还是积聚不起来，温度也就不能升高了。加大火力所供给的热量，只不过使更多的水更快地蒸发掉罢了。炖肉的时候，如果用急火，肉汤就会很快地蒸发，把大量的热量带走，热量不能在汤里积聚起来。这样，既浪费火，又起不到使肉快熟的作用。所以，炖肉时最好是使用小火慢炖。

知识点

大气压力

地球表面覆盖有一层厚厚的由空气组成的大气层。在大气层中的物体，都要受到空气分子撞击产生的压力，这个压力称为大气压力。也可以认为，大气压力是大气层中的物体受大气层自身重力产生的作用于物体上的压力。

由于地心引力作用，距地球表面近的地方，地球吸引力大，空气分子的密集程度高，撞击到物体表面的频率高，由此产生的大气压力就大。距地球表面远的地方，地球吸引力小，空气分子的密集程度低，撞击到物体表面的频率也低，由此产生的大气压力就小。因此在地球上不同高度的大气压力是不同的，位置越高大气压力越小。此外，空气的温度和相对湿度对大气压力也有影响。

延伸阅读

　　海拔高度就是超出海平面的垂直高度。人们用一个确定的平均海水面来作为海拔高度的起算面。海拔高度也就定义为高出平均海水面的垂直高度，即高程或绝对高程。由平均海平面起算的地面点高程，称为海拔高度或绝对高程。平均海平面，也称大地水准面。由于地球内部质量的不均一，地球表面各点的重力线方向并非都指向球心一点。这样就使处处和重力线方向相垂直的大地水准面，形成一个不规则的曲面。因而世界各国有各自确立的平均海平面，即大地水准面。海拔为人们准确表达地理事物的高低起伏状态提供了方便。

膨胀的金属环

　　加热一金属圆环直到金属膨胀了1％，那么圆环中心的圆孔的直径将变大。圆孔不过是个空缺，而空缺也会膨胀，这是无法避免的。所有圆环的尺寸都要按比例胀大。形象地说，设想有一张圆环的照片，将其放大1％，照片上的任何部位都将被放大，当然圆也不例外。也可以这样理解这个问题：将圆环弄直使它形成一直棒，加热时，它不仅变厚而且变长，这样当这根直棒再弯成环形时，内部圆孔的周长就像它的厚度一样也变大了。

热 胀 冷 缩

　　如果我们想象一块方金属板中间有一方孔，那么很容易看出方孔将由于金属板的膨胀而变大。把方金属板切成小方块，加热使它们膨胀，再将它们拼成原样，方孔便同固体金属一样也膨胀了。以前，铁匠给木轮加轮箍是采用这种方法：将略小于车轮外缘的轮箍加热，由于加热使轮箍膨胀，此时把轮箍刚好套在木轮上。待冷却后，不需任何另外的固定便会很牢固地箍在木轮上。下次，当你想打开一个罐子上的金属盖时，在热水里浸一下或放在热炉子上加热片刻，因盖子以及它的内周长的膨胀而很容易被打开。

回忆一下"圆环的膨胀"。螺母与螺钉并非紧密地挨在一起，两者之间总有一点很小的空隙。螺母固定得很紧，问题在于这空隙大小。怎样才能使这空隙变大一些呢？加热。加热可以使任何物体膨胀，螺母膨胀，螺钉也膨胀，最后重要的是，两者间的空隙也膨胀。因此，要想旋松螺母，就加热，尽管螺钉也会膨胀。

知识点

膨　胀

当物体受热时，其中的粒子的运动速度就会加快，因此占据了额外的空间，这种现象称为膨胀。固体、液体、气体都有膨胀现象，液体的膨胀率约比固体大 10 倍，气体的膨胀率约比液体大 100 倍左右。

延伸阅读

为什么铁轨之间有缝隙？为了避免钢轨因为热胀冷缩而使轨道变形所以需要留缝隙。以前因为炼钢技术的原因，热胀冷缩的幅度会比较大，所以缝隙也较多，现在水平高了，技术好了，热胀冷缩的幅度相对没那么大了，再加上人为的控制，就可以把钢轨用铝焊接做成无缝钢轨，再科学地计算一下在一定距离留下必要的缝隙就可以了。

暖气片安在什么地方最暖

在有暖气设备的屋子里，冬天仍然是温暖如春。这是暖气片的功劳。暖气片，就是用铸铁或其他材料制成的散热片。它在不大的范围里装有层层叠叠的片状管道，因此扩大了跟空气的接触面积，管道里的热水送来的热量，大部分从这儿散发出来了。

空气是热的不良导体，是很不容易传热的，为什么暖气片却能把整个房间里的空气烘暖呢？

气体是会流动的，并且是热胀冷缩的。靠近暖气片的空气首先受热，体积膨胀，密度减小，变得轻了便往上升；其他部分的冷空气就流到暖气片的周围，来填补上升空气空出来的位置，它受热

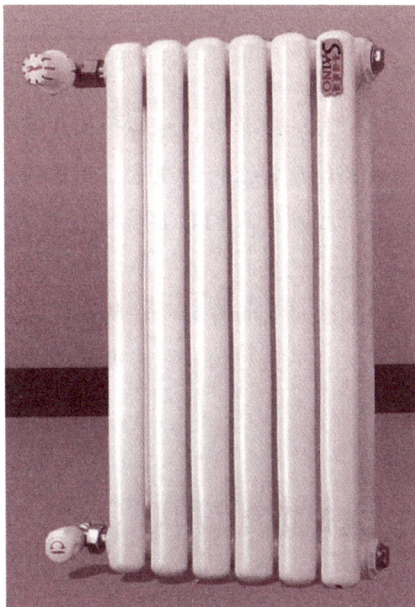

暖 气 片

后体积膨胀，密度减小，接着也往上升；先前上升的空气渐渐变冷，密度又增大了，便往下流。这样，房间里的空气便开始上下"对流"起来。在对流的过程中，整个房间里的空气都热起来，室内也就暖和了。因为热量是暖气片上散发出来的，所以安装的位置要选好。如果你仔细观察一下，就会发现，暖气片大都安装在窗台下面。这有两个好处：第一，由于暖气片接近地面，能使室内的全部空气发生对流，所以保持了室温的均衡；第二，一旦冷空气从窗户缝里钻进来，暖气片就把它加热，起到了防冷的作用。

人们选择适当的位置安装暖气片，是为了空气更好地对流。其实，这个问题在很多地方都必须考虑，比方说，炉灶上的烟囱、仓库的天窗与地窗，究竟安在哪里好，都是有讲究的。你如果有兴趣，可以去观察一番，想想它的道理。

知识点

密　度

在物理学中，把某种物质单位体积的质量叫做这种物质的密度。密度是反映物质特性的物理量，物质的特性是指物质本身具有的而又能相互区别的一种性质，人们往往感觉密度大的物质"重"一些，密度小的物质"轻"一些，这里的"重"和"轻"实质上指的是密度的大小。

密度是物质的一种特性，它只与物质的种类有关，与质量、体积等因素无关，不同的物质，密度一般是不相同的，同种物质的密度则是相同的。

延伸阅读

暖气又称为暖气片，是北方冬季御寒的设施，广义的指让大家得到采暖需求的产品和方法（在这里不讨论空调），是通过热源加热热媒再加热空气形成热交换后增加环境温度的产品。

从过去的铸铁暖气片、钢串片经过几十年上百年的发展到现今的钢柱式、钢板式、铜铝复合、铝塑符合、纯铜、纯铝等，在安装形式上是挂在墙上或立在地上的。其可用能源和热媒介质与水地暖相同。

棉袄能给你热量吗

冬天到了，你会穿上妈妈刚给你买来的棉袄，真是暖和，你会说，棉袄给你带来了温暖。

假如我说，棉袄根本不会给你带来温暖，带来温暖的只是你自己，你一定认为我说错了。不信，你把棉袄给一块钢铁穿上，过一会，用手去摸摸它，它一点也不会暖起来。在夏天你也可以用一根冰棍来做一个实验；把一根冰棍放在一个塑料袋中，用棉被包好；把另一根冰棍放在棉被外面。比较一下，看看，冰棍在棉被里是不是得到了温暖。事实恰恰相反，棉被外面的冰棍融化了，而棉被里面的冰棍还很凉，棉被并没有给冰棍温暖。

人穿上棉袄暖和的原因，是由于它能阻止身体的热量向外散失。它只是起到保暖的作用，它同样能保冷。保暖是不让里面的热散出去，保冷就是不让外面的热量传进来，作用是一样的。所以，夏天，卖冰棍的小贩要在冰棍盒的外面包上一层棉被。

棉　袄

如果问你，棉被为什么能保温，你一定会说是因为里面有棉花。这并不错，但是深究其原因，应该说是有空气。

这又弄不明白了，扇扇子的时候，空气可以带走热量，怎么又会保暖呢？

空气在流动的时候，由于对流，是可以带走大量的热；但是在空气不流动的时候，却是热的不良导体。

可以举出很多例子来说明这一点：被子在太阳下晒过后特别暖，为什么？这是因为晒过的被子特别膨松，在棉花的小空隙里，有更多的空气。空气由于棉花纤维的限制不能流动，所以有很好的隔热作用。穿毛衣的人都知道，如果毛衣外面不穿一件罩衣，刮起风来就感到很冷，如果罩上一件外衣就暖和得多。为什么一件外衣那么顶事呢？这是由于在外衣和毛衣之间的那层空气，起了保暖作用。

在冬天有的女同学喜欢把纱做的头巾罩在脸上，这样不仅挡风还很暖和。一层薄薄的纱能保温吗？

的确能保温，有许多人有这样的感觉。这是因为，罩在脸上的纱可以保持脸前的空气不流动，是这层空气起了保温作用。房屋的双层玻璃保温也是这个原因。

知识点

对　流

对流是指流体内部的分子运动，是热传与质传的主要模式之一。热对流（亦称为对流传热）是3种主要热传方式中的其中一种（另外两种分别是热传导与热辐射），通常发生在流体内或流体和容器之间有温度差时，因为温度的差异会使得流体之间密度不同。

延伸阅读

大气对流：大气中的一团空气在热力或动力作用下的垂直上升运动。通过大气对流一方面可以产生大气低层与高层之间的热量、动量和水汽的交换，另一方面对流引起的水汽凝结可能产生降水。热力作用下的大气对流主要是指在层结不稳定的大气中，一团空气的密度小于环境空气的密度，因而它所受的浮力大于重力，则在阿基米德浮力作用下形成的上升运动。在夏季经常见到的小范围的、短时的、突发性的和由积雨云形成的降水，常是热力作用下的大气对流所致。动力作用下大气对流主要是指在气流水平复合或存在地形的条件下所形成的上升运动。在大气中大范围的降水常是锋面及相伴的气流水平复合抬升作用形成的，而在山脉附近的固定区域产生的降水常是地形强迫抬升所致。一些特殊的地形（如喇叭口状的地形）所形成的大气对流既有地形抬升的作用，也有地形使气流水平复合的作用。

一方面热力和动力作用可以形成大气对流，另一方面大气对流又可以影响大气的热力和动力结构，这就是大气对流的反馈作用。在大气所处的热带地区，这种反馈作用尤为重要，大气对流形成的水汽凝结加热常是该地区大范围大气运动的重要能源。

热气球运动

人们印象里的第一个热气球，源于儒勒·凡尔纳笔下的疯子，他坐着热气球环游世界。贵族化的娱乐，令人欣羡。

热气球运动是一项古老而时尚的休闲体育项目，在国外已有200多年的历史了，在中国起步较晚。

乘坐热气球，最大的乐趣在于体验驭风而行和凌空眺望的感觉。

热 气 球

热气球本身并没有动力系统，其飞行方向和速度完全取决于风向和风速。由于风在不同的高度有不同的方向和速度，因此飞行员可以选择适当的高度，搭乘不同的气流，来调整飞行方向。这种驭风而行的技术，驾驶员们称之为"换气流"。乘坐热气球的乘客，虽然不能直接操纵热气球，但身处气流之中，依然能与风同行。

热气球是轻于空气的航空器，它是人类升空最早的载体，比莱特兄弟发明的飞机早120年。

热气球飞行的原理是热空气比冷空气轻，是靠加热球体内部的温度而产生浮（升）力升空的。通过燃烧器点火、熄火的间隔时间长短调整球囊内温度来控制热气球的上升和下降，利用不同高度层的风向来控制和调整自己的前进方向，热气球的飞行速度与所处高度层的风速一致。

最初的热气球是用特殊的纸制成的，靠燃烧稻草和树枝加热了球体内的空气而产生浮力升空，因此很难普及应用。

现代热气球是构造简单、极易掌握、非常安全的航空器，气球的球体是用尼龙或涤纶材料缝制的，球体下悬着的吊篮是藤条编制的，吊篮内有燃烧气瓶、管道及燃烧器。飞行中驾驶员在吊篮内操纵燃烧器手柄将球体内温度升高，产生浮力，使气球上升。驾驶员不能主动操纵气球改变方向，只随空中风向变化而改变。

热气球作为一个体育项目正日趋普及，有人曾创造了上升 34 668 米高度的纪录。

现在全世界有 20 000 多个热气球在飞行。在欧美等发达国家，经常举行各种各样的热气球比赛或活动。在蔚蓝的天空里，出现了千奇百怪形态各异的热气球，人类在天上尽情地发挥着他们激情的创造力和天才的想象力。

知识点

热 气 球

热气球是航空器的一种，它配备有用来填充气体的袋状物，当充入气体的密度小于其周围的环境的气体密度，且由此压力差产生的静浮力大于气球本身与其搭载物的重量时气球就可浮升。气球作为一种交通工具可用来运载观测仪器和乘客，只装载设备的无载人气球经常用于对高空大气环境的科学研究，有时也用于测定宇宙射线。1783 年 11 月 21 日，蒙特哥菲尔兄弟完成了人类首次热气球旅行。1999 年 3 月 20 日，人类首次利用热气球环球飞行。

延伸阅读

18 世纪，法国造纸商蒙特哥菲尔兄弟因受碎纸屑在火炉中不断升起的启发，用纸袋聚热气做实验，使纸袋能够随着气流不断上升。1783 年 6 月 4 日，蒙特哥菲尔兄弟在里昂安诺内广场做公开表演，一个圆周为 33.48 米的模拟气球升起，飘然飞行了 2.4 千米。同年 9 月 19 日，在巴黎凡尔赛宫前，蒙特哥菲尔兄弟为国王、王后、宫廷大臣及 13 万巴黎市民进行了热气球的升空表演。同年 11 月 21 日下午，蒙特哥菲尔兄弟又在巴黎穆埃特堡进行了世界上第一次载人空中航行，热气球飞行了 25 分钟，在飞越半个巴黎之后降落在意大利广场附近。这次飞行比莱特兄弟的飞机飞行整整早了 120 年。

二战以后，高新技术使气球材料以及制热燃料得到普及，热气球成为不受地点约束、操作简单方便的公众体育项目。

20 世纪 80 年代，热气球被引入中国。1982 年美国著名刊物《福布斯》杂志创始人福布斯先生驾驶热气球、摩托车旅游来到中国，自延安到北京，完成了驾驶热气球飞临世界每个国家的愿望。

热气球作为一个体育项目正日趋普及，它曾创造了上升 34 668 米高度的纪录。1978 年 8 月 11 日至 17 日，"双鹰 3 号"成功飞越了大西洋，1981 年"双鹰 5 号"又成功跨越了太平洋。

现在全世界有 20 000 多个热气球在飞行。中国目前已有 100 多个热气球，成功地举办了第一届、第二届北京国际热气球邀请赛、泰山国际热气球邀请赛等大型比赛活动以及 1999 年在秦皇岛举行的首届全国热气球锦标赛。

"热得快"的奥秘

"热得快"是生活中常用的一种电加热器，可以用来烧开水、热牛奶、煮咖啡等，快捷而方便。

"热得快"的加热螺圈通常是用一种较细的金属管绕制成的，管内装有电热丝，然后灌入氧化镁粉之类的绝缘材料，把电热丝封装固定在管中间，使它不与管壁接触。电热丝的两端再分别与电源线相接。通电后，电流从电热丝中流过，电热丝便发热。如果把"热得快"浸没在液体中，热量通过液体很快散发出来，这样使液体很快被加热，而且也不会烧坏电热丝。如果让"热得快"在空气中干烧，热量不易散发，金属外管会很快被烤焦，甚至烧红，管内的电热丝便会被烧断。所以，使用时应先将"热得快"放入液体

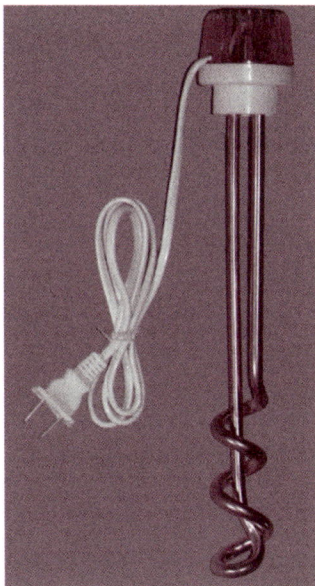

热 得 快

内，液体最少应淹没加热螺圈（手柄及电线不能浸入液体中），然后再接通电源。加热完毕，也应先断开电源，过一小会儿，待"热得快"温度降低后，再从液体中拿出，擦干收藏。

由于"热得快"中的电热丝是用镍铁合金制成的细丝，一般较脆、容易震断。因此，"热得快"不能剧烈震动，如果表面有水垢或附着物，可用小毛刷轻轻刷掉，不要用硬物敲击或用小刀刮削。"热得快"一旦断丝便无法修复，只能换新的了。

知识点

加 热 器

加热器，指的是在多股电阻丝绞线外缠绕有玻璃纤维增强耐火纤维层，在耐火纤维层外编织有金属丝增强耐火纤维层，紧密结合并沿电阻丝绞线全长分布的双层包覆层与其中心的电阻丝绞线组成了一整体式可随意按需弯折并可与被加热件紧密接触的直接加热单体。

延伸阅读

电流是指一群电荷的流动。电流的大小称为电流强度，是指单位时间内通过导线某一截面的电荷量，每秒通过1库仑的电荷量称为1"安培（Ampere）。安培是国际单位制中的一种基本单位。电流表是专门测量电流的仪器。大自然有很多种负载电荷的载子，例如，导电体内可移动的电子、电解液内的离子、等离子内的电子和离子、强子内的夸克等。

温度计里的奥秘

温度计是用来测量温度的仪器。常用的温度计有水银温度计和酒精温度计，水银和酒精作为组成温度计的主要部件，被称为测温物质。测温物质能够用来测量温度，是因为它具有热胀冷缩的特点。随着温度的升高，水银和酒精的体积会明显地膨胀，在温度计中看到的就是水银柱或酒精柱的高度上升，这样，只要刻上适当的刻度，人们就可以读出相应的温度。

为了使温度计有更大的实用价值，测温物质应该具备两大特性：一是测温物质随温度变化而改变体积必须很灵敏，以至于可以测量细小的温度变化；二是在低温下测量温度时，测温物质不能凝固成固体，反之，在高温下，测温物质也不能变成气体。否则，就无法用来测量温度。对于同样质量的水银和酒精，如果分别使它们的温度升高1℃，通过实验发现，酒精吸收的热量比水银吸收的热量大得多，前者大约是后者的20倍。因此，水银温度计中水银柱随温度改变的灵敏度比酒精温度计中的酒精柱大得多。在做科学实验或测量人体体温时，由于温度计吸收或放出的热量很少，但又必须显示出温度的改变，一般都采用水银温度计。而在同样的温度变化下，酒精吸收热量多，膨胀能力大，因此酒精柱升降变化比水银柱显著得多。在测量周围空气温度和水温时，一般采用酒精温度计。

酒精和水银还有各自不同的特性，酒精十分"耐寒"，它在 – 117℃才会凝固成固体，而水银在 – 39℃就会凝固起来，失去流动性。在寒冷的北方，冬季气温达 – 40℃左右，因此，一般适宜用酒精温度计测量气温。但是，水银也有一个优点，它比酒精"耐热"，水银的沸点是 356.72℃，而酒精到了 78.3℃，就会沸腾而急剧汽化。在测量高温的场合，显然水银温度计比酒精温度计更有用武之地。

温 度 计

为什么体温计里的水银柱不会自动下降呢？人们常用的水银温度计是利用水银热胀冷缩的原理制成的。作为一般测量温度用的温度计，例如测量室内、室外温度，测量游泳池的水温，等等，这些温度计的水银柱随着外界温度的变化会立刻做出反应，自动地升高或降低；但是，测量体温用的体温计，用过以后一定要用力甩几下，水银柱才会降下来。这里的秘密在于，一般温度计玻璃管的内径是一样大小的，而体温计玻璃管内径的大小是经过特别设计的，它的特点是水银柱和水银球相接的地方做得特别细。正因为这种设计，使体温计水银球中的水银，受热膨胀时，能很容易地从这个细小的狭口处挤上去，而一旦受冷收缩时，水银柱不仅不能顺利地从狭口处挤回来，而且，水银在本身内聚力收缩作用下，整个水银柱会在狭口处断为两截。上面一截的上端仍指示体温，而下端受内聚力收缩作用，不会自动流回水银球。正因为这样的设计和制作，才使得医生能准确测量病人体温，正确诊断病情。如果体温计也像通常测温用的温度计那样，一离开人体，水银柱就发生明显变化，那体温计还有什么实用价值呢？体温计用过以后，可以把体温计头部朝下，用力甩几下，这是在利用惯性，使上面一截水银冲过狭口回到水银球里去。不过甩动的时候也要注意用力的大小和方向，才能达到理想的效果。

在日常生活和生产技术中，人们常常用温度计来测量一个物体的温度。例如，医生用体温计测量病人的体温，体温计就是温度计的一种。那么，温度计上的温度是怎样确定的呢？仔细观察一下体温计就可以发现，体温计中有一根很细的水银柱，这根水银柱称为测温物质。当体温计接触病人口腔时，水银柱就会因病人口腔中的温度产生膨胀，因此，水银柱的长度就可以用来表示口腔的温度。此外，水银柱旁边还必须标有度数，才能确切地给出温度的值。有刻度，首先得有起始的位置。选定测温物质，确定起始温度，标出刻度，这3个要素就组成了温度计对温度的定量表示法，这种表示法称为温标。

摄氏温标是目前较常用的一种温标，由此制作的温度计就是摄氏温度计，体温计是摄氏温度计的典型例子。在摄氏温度计中，取水的冰点作为起点，这就是零摄氏度，写作0℃；取水的沸点为100摄氏度，写作100℃。再将0℃和100℃之间的水银柱高度分为100等份，每一格就是1℃。

PUSHUOMILI DE REDONGLIXUE

知识点

沸　点

　　在一定压力下，某物质的饱和蒸汽压与此压力相等时对应的温度。沸腾是在一定温度下液体内部和表面同时发生的剧烈汽化现象。液体沸腾时的温度被称为沸点。浓度越高，沸点越高。不同液体的沸点是不同的，所谓沸点是针对不同的液态物质沸腾时的温度。沸点随外界压强变化而改变，压强低，沸点也低。

延伸阅读

　　1983 年 4 月 11 日 12 时 50 分左右，无锡东门区上空，突然一声尖啸，人们还来不及躲开，只听"呼"的一声，地面上出现一层雾气，周围的电杆和电线强烈地晃动起来。定睛一看，原来地上掉下一堆冰块，最大的直径大约有50～60 厘米。

　　经过科学家们考察研究，已证明它原来是"天外来客"——陨冰。陨冰，对于许多读者来说是比较陌生的。它是从哪里来的呢？

　　据科学家们研究，在宇宙间有相当数量的冰物质。经过粗略的计算，光是在太阳系里的冰物质，质量竟然有将近 4 700 个地球那么多！

　　1979 年 3 月，当"旅行者 1 号"宇宙飞船飞经木星上空时，人们发现木星的卫星木卫二竟然能反射太阳光的 70％，相比之下，地球的卫星——月亮就黯然失色了，它只能反射太阳光的 7％。为什么木卫二有如此强的反射能力呢？原来它上面有近 100 千米厚的冰和水。再看木卫三和木卫四，冰的厚度竟有几千千米以上。但是如果和更大的冰球——海王星与天王星比较，它们又变得微不足道了。据推测，天王星上冰的总量竟比 7 个地球还重，冰层的厚度足有上万千米。除了这些巨大的冰球之外，宇宙中还有一些冰的"流浪汉"。它们主要是彗星和一小部分以冰为主要成分的流星。它们在太空中漫游时，偶尔与其他天体相撞，个别碎块在飞经地球附近时，受到地球吸引而坠落，这就是陨冰。坠落在无锡的天外来冰，很可能是"流浪汉"中的一个。地球上自然形成的冰，是水在低温下凝结成的，它的成分是水。宇宙中的冰物质除了水结冰外，还有另外一些碳、氮的氢化物和氧化物所结的冰。宇宙中也有水结的冰，但它常常含有较多的铁等杂质，并且混杂了一些氨冰等。还有一些宇宙中的水冰则是有和地球上的冰完全不同的物理特点和内部构造。科学家们把宇宙中的这些水冰按照它们物理性质的不同，分为冰Ⅱ、冰Ⅲ……

在地球上，即使在最冷的南极地区，最厚的冰层也只有4千米多，冰层底部承受的压力不会超过四五百个大气压的压力。宇宙中的冰层厚以几百千米、几千千米或上万千米计，因此位于深部的冰层承受着巨大的压力。据科学家们研究，当压力超过3 000大气压的压力，温度低于-80℃时，就会形成冰Ⅱ。它的密度不仅比普通的冰大得多，比水也要大20%。所以这种冰块不会浮在水面，而是沉在水底。我们不妨叫它"重冰"。更有趣的是冰Ⅲ，它在压力超过2万个大气压时才会出现，由于它的密度和内部构造不同，所以温度高达76℃时还不会溶化，享有"热冰"之称。

在那些大的宇宙冰体内部，由于深部热量的聚集，会使内部的某个部分温度逐渐提高。当达到一定温度时，深部的冰便会融化，随着发生膨胀，使上面的冰壳破裂，融化后的水便夹带着冰块从裂缝中喷出，形成冰火山。这种火山喷发和地球上的火山一样剧烈，只不过它喷出的不是炽热的岩浆，而是温度很低的冰水。

陨冰的物理、化学性质以及它所含有的杂质，对于研究宇宙间水的存在、天体生命的起源等许多问题都有重要的科学价值。所以，它们永远是地球上最受欢迎的"客人"。

"温暖"的冰屋

冰是冷的象征，一提到它，人们就会不寒而栗。但是，在冰雪漫天、寒风凛冽的冬天，生活在北极圈里的因纽特人，却凭着用冰垒成的房屋，熬过严寒的冬天。

在北极圈内，冬天的天气非常奇怪。第一，冬天的时间特别长。在那里，冬天不是 3 个月，而是半年以上。第二，黑夜的时间特别长。在因纽特人生活的地方，冬天的太阳，不是早晨从东方出来，傍晚到西边落下，而是每天仅在正南方显露一下，使人们说不清那

冰 屋

时是早晨还是傍晚。所以在北极圈内，冬天的日照时间非常非常短，那里冬天的气温往往低到零下 50 多摄氏度。再加上寒风不断地袭击，因纽特人要想在野外度过冬天，是绝对不可能的事。他们必须想方设法建房保温，防寒过冬。

北极圈里，有取之不尽的冰，又有用之不竭的水。每当冬天到来之前，因纽特人都要建造冰屋。他们就地取材，先把冰加工成一块块规则的长方体，这就是"砖"；用水作为"泥"。材料准备好以后，他们在选择好的地方，泼上一些水，垒上一些冰块；再泼一些水，再垒一些冰块；前边不断地垒着，后边不断地冻结着，垒完的房屋就成为一个冻结成整体的冰屋。这种房屋很结实，被誉为因纽特人的令人羡慕的艺术杰作。

因纽特人的冰屋是怎样起到保暖防寒作用的呢？

第一，由于冰屋结实不透风，能够把寒风拒之屋外，所以住在冰屋里的人，可以免受寒风的袭击。

第二，冰是热的不良导体，能很好地隔热，屋里的热量几乎不能通过冰墙传导到野外。

第三，冻结成一体的冰屋，没有窗子，门口挂着兽皮门帘，这样可以大大减少屋内外空气的对流。

正因如此，冰屋里的温度，可以保持在零下几摄氏度到零下十几摄氏度，这样相对于零下 50 多摄氏度的野外，要算暖和多了。因纽特人穿上皮衣，在这样的冰屋里完全可以安全过冬了。当然，冰屋里的温度比起我们冬天的室内温度要低得多，而且冰屋里也不允许生火取暖，因为冰在 0℃ 以上就会溶解

成水。

当北半球转入夏天时，北极圈内的气温便不断升高。温度一旦超过 0℃，冰屋就会慢慢地融化。当下一个冬天到来之前，因纽特人又要再造新的冰屋。随着科学技术的进步和交通运输的发展，现代的因纽特人已经有了用钢筋、水泥建造的永久性住宅。但是，回顾历史，冰屋在因纽特人的生存和发展中，曾起了重要的作用。

把表面一黑一白，大小相同的两块金属都加热到 500℃，哪个辐射的能量多？是黑色。设想你把一个密封的盒子加热到 500℃，盒内一半衬有表面是黑色的金属，一半衬有表面是白色的金属，两者不接触，所以它们只有通过辐射交换热量。一部分热量由黑金属块辐射到白金属块，一部分由后者辐射到前者。这两部分必定相等，否则散发热量多的一边将很快变得比另一边冷。净能量自动地由低温处流向高温处是不可能的。表面是黑色的一侧，能把所有的辐射到它上面的热量都吸收，若物体温度保持恒定，它将辐射出同样多的热量——物体表面吸收的热量与其放出的相同。

我们知道一个好的吸收器必是一个很好的辐射器。在白色表面上，对于辐射到其上的热量大部分将被反射，而只吸收一小部分。因此它辐射的热量也少。一个好的反射体却是一个很糟的辐射体。黑白表面之间的能量流是相等的，因为白色表面辐射较少是由它反射较多热量来补偿的。由此我们得出在 500℃时，黑色金属比白色金属辐射的热量多。这便是为什么好的散热器表面总要涂成黑色。

另外，如果白色表面被破坏了，它的反射能力就会减弱。相应就会吸收更多的辐射。如果我们将白色表面破坏得使它的反射能力和黑色表面一样，这样它对热辐射的吸收应该同黑色表面一样。它就和黑色表面起一样的作用，这就意味着它应和黑色表面一样辐射能量。我们是怎样改变白色表面的呢？我们在白色表面上刻下许多划痕，当划痕很深时，它们就像小空腔一样起到能隔住进入其中的辐射作用。大部分进入空腔的辐射是不能被反射出来的，它们最终被吸收了，空腔起了辐射陷阱的作用。事实上，无论空腔是由金、银、铜、铁，还是碳制成的，它们的效果都如同黑色的空腔。设想在一个阳光灿烂的日子里，有一幢敞开窗户的房子。敞开的窗子便是一个空腔，无论房间里的墙壁涂成什么颜色（银白、金黄等等），从外面看去，房间里都是黑色的。

知识点

北 极 圈

北极圈是指北寒带与北温带的界线，其纬度数值为北纬66°34′，与黄赤交角互余，其以内大部分是北冰洋。北极圈的范围包括了格陵兰、北欧和俄罗斯北部以及加拿大北部。岛屿很多，最大的是格陵兰。由于严寒，北冰洋区域内的生物种类很少。植物以地衣、苔藓为主，动物有北极熊、海豹、鲸等。北极圈以北的地区，在北半球的夏至日太阳终日不没；在北半球的冬至日太阳终日不出。

延伸阅读

极昼，是出现在极圈范围内的一种"太阳终日不落"的现象，所以又称"永昼"。极昼只出现在地球南、北极圈以内地区。太阳直射在北半球时，极昼出现在北极地区；而极夜则出现在南极地区。太阳直射在南半球时则反之。如太阳直射在北纬10°，则北纬80°～90°地区将出现极昼，南纬80°～90°地区则为极夜（不计大气折光作用和日轮视半径）。

在南极圈和北极圈以内，每年都会有极昼和极夜季节。其持续时间之长短，则因纬度而异。在南极和北极，每年都有半年极昼和半年极夜。除了南极和北极以外，极昼期内，太阳在一日内仍然有高度和方位的变化。

如果太阳直射点在哪个半球，那个半球的极地附近就会出现极昼现象。极昼的范围与太阳直射点纬度有关，其边界与极点的纬度差就是太阳直射点的纬度。

所以，春分过后，北极附近就会出现极昼，此后极昼范围越来越大；至夏至日达到最大，边界到达北极圈；夏至日过后，北极附近极昼范围逐渐缩小，至秋分日缩至0；秋分过后，南极附近出现极昼，此后南极附近的极昼范围越来越大；至冬至日达到最大，边界到达南极圈；冬至日过后，南极附近极昼范围逐渐缩小，至春分日缩至0。如此周而复始，其周期为一个回归年。

众所周知，每年南、北两极，"极昼"、"极夜"交替出现。一年内大致连续6个月是白昼（称极昼），6个月是黑夜（称极夜）。"极昼"时，每天24小时始终是白天，要是碰上晴天，即使是午夜时刻也是阳光灿烂，就像大白天一样的明朗。而"极夜"来临时，太阳始终不会从地平线升上来，星星一直在黑洞洞的天空闪烁着。

北极圈极昼、南极圈极夜出现在夏季，北极圈极夜、南极圈极昼出现在冬季。

热学揭秘

REXUE JIEMI

> 热学主要研究热现象及其规律，它有两种不同描述方法——热力学和统计物理。热力学是其宏观理论，是实验规律。统计物理学是其微观描述方法，它通过物理简化模型，运用统计方法找出微观量与宏观量之间的关系。本章内容包括热力学平衡和气体分子运动论的基本概念、气体分子速率及能量的分布律、气体中的输运过程、热力学第一定律和第二定律、固体、液体和相变。

热　学

　　热学是研究物质处于热状态时的有关性质和规律的物理学分支，它起源于人类对冷热现象的探索。人类生存在季节交替、气候变幻的自然界中，冷热现象是他们最早观察和认识的自然现象之一。

　　人类在原始时代就学会用火，接触到了热现象。关于热是什么的问题，很早就成为人们探讨的对象，形成两种截然相反的见解。一种见解把热看成是自然界的特殊物质。我国殷朝形成的"五行说"，把热（火）和金、木、水、土一样的东西，是构成宇宙万物的物质元素。在古希腊产生的物质元素论中，也

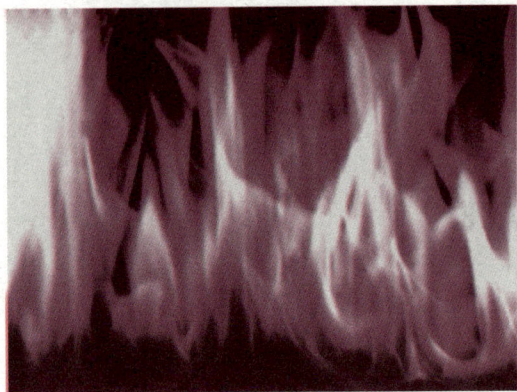

火

把热（火）看做是一种独立的物质元素，赫拉克利特认为，世界就是火。

另一种见解把热看成是物质粒子运动的表现，我国古代朴素唯物主义思想家提出的"元气论"，就认为热（火）是物质元气聚散变化的表现。在古希腊和古罗马，也有一些学者，特别是原子论者，把冷热看成是物质微粒（原子）在虚空中运动的一种表现。卢克莱修就曾经说过，运动可以使一切东西都变得很热，甚至燃烧起来。

不过，在科学不发达的古代，这两种见解都只是直觉的猜测。在漫长的中世纪，热学几乎毫无进展。直到 17 世纪以后，一些著名科学家根据摩擦生热的现象，恢复了古人关于热是物质粒子的特殊运动的猜测，比如，英国的培根就曾说过，热是一种运动。法国的笛卡儿更把热看成是物质粒子的一种旋转运动。当时，牛顿、胡克、罗蒙诺索夫（Lomonosov，1711～1765）等人都相信和支持热是运动的观点。但是由于没有充分可靠的实验依据，这种正确的观点还没有形成系统的理论，更没有赢得学术界的普遍承认。

到了 18 世纪，人们对热的本质的认识，奇怪地走上了一条曲折的道路，复活了古人把热看成是特殊物质的错误猜测。英国的布拉克提出了系统的"热质说"，又叫做"热素说"。他认为热是一种看不见、没有重量的流质，叫做热质。热质可以渗透在一切物体之中，物体的冷热取决于它所含热质的多少。热质可以从比较热的物体流到比较冷的物体，就像水从高处流向低处一样。自然界存在的热质数量是一定的，它既不能创造，也不会消灭。热质说能够顺利地解释许多人所共知的热现象。比如，说物体受热膨胀是热质流入物体的结果，热传导是热质的流动，对流是载有热质的物质的流动，太阳光经过凸透镜聚焦生热是热质集中的结果等等。因此它压倒了热是运动的观点，获得了广泛的承认。

1714 年，华伦海特（G. D. Fahrenheit）改良了水银温度计，定出华氏温标，建立了温度测量的一个共同的标准，使热学走上了实验科学的道路。经过许多科学家200 年的努力，到 1912 年，能斯脱提出热力学第三定律后，人们对热的本质才有了正确的认识，并逐步建立起热学的科学理论。

历史上对热的认识，出现过两种对立的观点。18 世纪出现过热质说，把热看成是一种不生不灭的流质，一个物体含有的热质多，就具有较高的温度。与此相对立的是把热看成物质的一种运动的形式的观点，俄国科学家罗蒙诺索夫指出热是分子运动的表现。

华 伦 海 特

1789 年，法国的拉瓦锡把热列入他的化学元素表里，用 T 表示，属于气体元素类，物理学中常用的热量概念和它的单位卡路里（简称卡），也是在热质说的基础上建立的。当时，热量就表示热质的多少。

热质说取得胜利，成为热学的正统理论后，仍旧不时受到一些新的实验事实的冲击。比如在冰熔解成水和水沸腾变成蒸汽的过程中，只吸收热量，温度并不升高的事实，就向热质说提出挑战，按照热质说，物质含的热质越多，温度应该越高。给冰加热，就是把热质注入到冰里去，所以冰的温度应该逐渐升高。然而冰熔解的时候，尽管每 1 千克冰吸收了 80 千卡热，冰的温度没有升高，同样，水沸腾的时候，每 1 千克水虽然吸收了 539 千卡的热，水的温度也没有升高，冰或者水吸收的热质跑到哪里去了呢？还是布拉克提出了一种"巧妙"的解释，说这些热质"束缚"到物质内部去了，或者说"潜伏"起来了。他把这部分热质叫做"潜热"。虽然这种解释不能叫人满意，但是也能搪塞过去。就这样，热质说在热学中称雄了近 100 年。

热质说究竟是不是真理呢？只有科学实验才能做出权威的判断。1798 年，从美国移居欧洲的科学家汤姆生，后来被封为伦福德伯爵，在用钻头钻炮筒的

拉 瓦 锡

时候看到，钻头、炮筒和铁屑的温度都升高了，而且产生的热量和钻磨量或多或少成反比。他发现，钝钻头比锐利的钻头能够给出更多的热，但是切削反而少了。这和热质说的观点是矛盾的。根据热质说，锐利的钻头应当更有效地磨削炮筒的金属，放出更多的和金属结合的热质。伦福德还用一只几乎不能切削的钝钻头，在 2 小时 45 分钟里使大约 8 千克的水达到了沸点。实验使伦福德得到了"热是由运动产生的，它决不是一种物质"的正确结论。

热质说的维护者人多势众，对伦福德的发现进行了种种刁难和歪曲，讥笑他违反"常识"。他们说，钻炮时候的热是其他化学变化产生出来的。伦福德经过仔细检查，没有发现在钻孔过程中有任何东西发生了化学变化。热质说的维护者们又声称，热是由于钻头把组成炮筒的金属中的"潜热"钻出来了。伦福德又经过反复检验，没有发现金属发生了从液态到固态或者从气态到液态的转变。因此"钻出了潜热"的说法纯属胡扯。极力维护热质说的人又说什么这是由于金属的比热容发生了变化。在激烈的唇枪舌剑中，虽然热质说理屈词穷，但仍不甘失败，最后宣称热是由"外面的热质跑进来的"，千方百计把新发现纳入自己的框框。

为了驳倒热质说，1799 年，戴维做了冰的摩擦实验。他在真空中用一只钟表机件使两块冰相互摩擦，整个实验仪器的温度正好是冰的冰点温度。实验结果，两块冰在摩擦的地方不断熔解成水。大家知道，水的比热容比冰的比热容还要大。这个实验驳倒了"外边的热质跑进来的"谬论，也证明了所谓热质不生不灭的守恒定律是错误的。根据确凿的实验事实，戴维大胆否定了热质的存在，认为热是一种特殊的运动，可能是各个物体的许多粒子的一种振动。

做功能够产生热，消耗热也能做功，功和热之间有没有确定的关系呢？为了寻找这个关系，就是测定所谓热功当量，英国酿酒匠出身的物理学家焦耳，从 22 岁开始，花了近 40 年时间，一共做了 400 多次实验，他历尽艰难，遭受过压制，终于创建了辉煌业绩。

在 19 世纪 40 年代头几年，默默无闻的焦耳埋头实验，用不同的方法初步测出了热和功之间的数量关系，指出只要做了一定数量的机械功，总能得到和这个功相应的热。这个令人耳目一新的发现，在科学界引起轰动，有的赞同，但更多的是遭到怀疑和反对，甚至无理地拒绝他在皇家学会宣读实验论文。焦耳不畏困难，决心继续实验，用更精确的实验来驳倒反对派。1847 年，他精心设计了一个迄今认为是最好的实验，就是在下降重物的作用下，使转动着的叶片和水发生摩擦而产生热。焦耳坚信，自己的实验结论是正确的。在这一年 6

PUSHUOMILI DE REDONGLIXUE

焦　耳

月举行的英国学术会议上，焦耳要求宣读论文，又遭到阻拦，他费了一番口舌，才被同意做简要介绍。然而，他的介绍遭到信奉热质说的科学权威汤姆生等的强烈反对，连法拉第也表示怀疑。

直到 50 年代，由于其他国家的科学家从不同角度也得出了热功当量的数量，焦耳的成就才得到普遍承认，他本人也被选为英国伦敦皇家学会会员。1878 年，年已花甲的焦耳对热功当量做了最后一次的测定，得到的结果是 423.9 千克米/千卡，和 30 年前的测定结果相差极小。为了纪念他，人们用他名字的第一个大写字母 J 来表示热功当量，$J = 427$ 千克力米/千卡。意思是，1 千卡的热量和 427 千克力米的功相当，假如功用焦耳做单位，热量用卡做单位，$J = 4.18$ 焦/卡。

热功当量的测得，标志着热质说被彻底摧毁，热的运动说取得了完全胜利，也导致了自然界的一条普遍规律——能量守恒和转化定律的建立。通过长期反复较量，在实践中经受了考验的热的运动说终于赢得了胜利。

热的运动说指出，热量是物质运动的一种表现。它的本质就是物质内部大量实物粒子——分子、原子、电子等的杂乱无规则运动。这种热运动越剧烈，由这些粒子组成的物体就越热，它的温度也越高。物质的运动总是和能量联系在一起的。实物粒子的热运动所具有的能量，叫做热能。热运动越剧烈，它所具有的热能也越大。所以，温度其实就是无数粒子的热运动平均能量的量度。

19 世纪中叶以后，热学的理论和实践都取得了突飞猛进的发展。

知识点

热　学

热学作为物理学的一门分支学科，其任务是研究与物质冷热程度有关的以热现象为主要标志的物质热运动规律。热学在建立发展过程中孕育产生的热力学和统计物理学知识与方法是研究多体问题的有效手段，从而成为现代物理的重要基础。

延伸阅读

华伦海特（1686～1736）是荷兰物理学家。

1686 年 5 月 24 日诞生于波兰格但斯克。1701 年华伦海特的父母突然去世，他的保护人送他到阿姆斯特丹接受商业教育。华伦海特在那里学习科学仪器的制作，对物理学很有兴趣。1707 年他先后前往柏林、莱比锡、德累斯顿、哈勒等地，通过参观别的学者以及工匠的操作，学到了不少技术。1708 年在哥本哈根遇到了丹麦天文学家罗默（1644～1710），建立了友谊。1715 年华伦海特和数学家莱布尼茨合作制成测定大海经度的时钟。1724 年华伦海特正式确立以他名字命名的温标。同年，他被选为英国伦敦皇家学会会员。1736 年他发明一种抽水泵，获得了专利，用这种泵抽干了荷兰一些低洼地里的水。

1736 年 9 月 16 日，华伦海特在荷兰海牙逝世，终年 50 岁。

温度与温标

温度是表示物体冷热程度的物理量，微观上来讲是物体分子热运动的剧烈程度。温度只能通过物体随温度变化的某些特性来间接测量，而用来量度物体温度数值的标尺叫温标。它规定了温度的读数起点（零点）和测量温度的基本单位。目前国际上用得较多的温标有华氏温标（F）、摄氏温标（℃）、热力学温标（K）和国际实用温标。

温度是用来表示物体冷热程度的物理量。从分子运动论观点看，温度是物体分子平均平动动能的标志。温度是大量分子热运动的集体表现，含有统计意义。对于个别分子来说，温度是没有意义的。

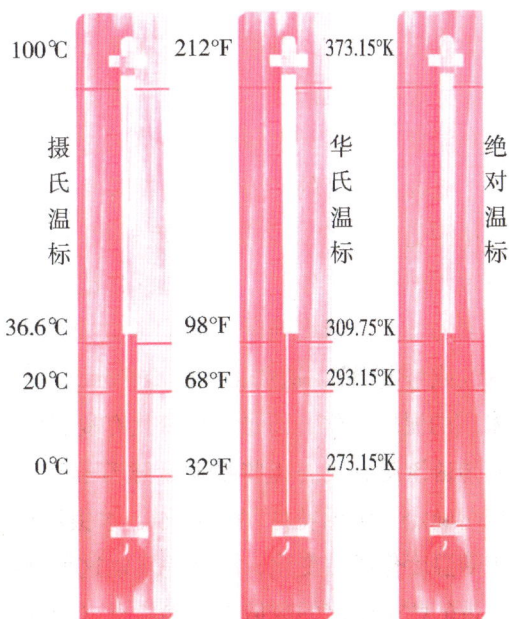

摄氏温标、华氏温标和绝对温标的对比

温　标

大气层中气体的温度是气温，是气象学常用名词。它直接受日射所影响：日射越多，气温越高。

经典热力学中的温度没有最高温度的概念，只有理论最低温度"绝对零度"。热力学第三定律指出，"绝对零度"是无法通过有限次步骤达到的。在统计热力学中，温度被赋予了新的物理概念——描述体系内能随体系混乱度（即熵）变化率的强度性质热力学量。由此开创了"热力学负温度区"的全新理论领域。通常我们生存的环境和研究的体系都是拥有无限量子态的体系，在这类体系中，内能总是随混乱度的增加而增加，因而是不存在负热力学温度的。而少数拥有有限量子态的体系，如激光发生晶体，当持续提高体系内能，直到体系混乱度已经不随内能变化而变化的时候，就达到了无穷大温度，此时再进一步提高体系内能，即达到所谓"粒子布居反转"的状态下，内能是随混乱度的减少而增加的，因而此时的热力学温度为负值！但是这里的负温度和正温度之间不存在经典的代数关系，负温度反而是比正温度更高的一个温度！经过量子统计力学扩充的温标概念为：无限量子态体系：正绝对零度＜正温度＜正无穷大温度，有限量子态体系：正绝对零度＜正温度＜正无穷大温度＝负无穷大温度＜负温度＜负绝对零度。正、负绝对零度分别是有限量子态体系热力学温度的下限和上限，均不可通过有限次步骤达到。

　　温标是温度的"标尺"，依据温标就是测量一定的标准划分的温度标志，就像测量物体的长度要用长度标尺——"长标"一样，是一种人为的规定，或者叫做一种单位制。规定温标是比较复杂的，不能像确定长标那样，在温度计上随便定出刻度间隔。我们首先要确定选择什么样的物质（是水银，还是氢气或是电偶），这些物质的冷热状态必须能够明显地反映客观物体（欲测物体）的温度变化，而且这种变化有复现性（这一步叫选择"测温质"）。其次，要知道该测温质的哪些物理量随着温度的改变将产生某种预期的改变（这一步叫确定"测温特性"）。比如，水银温度计是用水银做测温质的，水银的体积随温度作线性变化，这就是水银这种测温质的测温特性。第三，要选定该物理量的两个确定的数值作为参考点（也叫基准点），进而规定划分温度间隔的方法。

　　华伦海特最初所制的水银温度计是在北爱尔兰最冷的某个冬日，水银柱降到最低的高度定为零度；把他妻子的体温定为100度，然后再把这段区间的长度均分为100份，每一份叫1度。这就是最初的华氏温标。显然，认定气温和人的体温作为测温质的标准点并在此基础上分度是不妥当的。健康人的体温在一天之中经常波动，而且他妻子如果感冒发热了怎么办？后来，华伦海特改进了他创立的温标，把冰、水、氯化铵和氯化钠的混合物的熔点定为零度，以 $0℉$ 表示之，把冰的熔点定为 $32℉$，把水的沸点定为 $212℉$，在 $32 \sim 212$ 的间隔内均分180等份，这样，参考点就有了较为准确的客观依据。这就是现在仍在许多国家使用的华氏温标，华氏温标确定之后，就有了华氏温度（指示数）。

　　后来摄尔修司（A. Celsius）也用水银作为测温质，以冰的熔点为零度（标以 $0℃$），以水的沸点为100度（标以 $100℃$）。他认定水银柱的长度随温度作线性变化，把 0 度和 100 度之间均分成 100 等份，每一份也就是每一个单位叫 1 摄氏度。这种规定办法就叫摄氏温标。

华氏温度计和摄氏温度计使用的是同种测温质（水银），利用了同样的测温特性（水银柱热胀冷缩）。但由于规定的标准点和分度单位不同，就造成了两种不同的温标，从而产生了两种不同的温度的数值。

如果选定的标准点相同，但使用了不同的测温质，那么所定出的温标也不会是完全一致的，因为它们的物理性质随温度的改变在不同的范围内可能不会相同。

不管是用什么温度计测定温度，都不过是反映了测温质的特性而且还夹杂着温度计结构的影响。例如，水银温度计的玻璃泡和毛细玻璃管都将因为是否含钠或是含钾或是同时含有钠钾而使其零点位置发生变化。因此，任何温度计都不能测定物体的真正温度。由于测温物质和测温特性的选取不同，参考点和分度方法的选择不同，故可以有各式各样的温标。

为了结束温标上的混乱局面，开尔文（即 W·汤姆孙）——这位热力学第二定律的创始人，最受尊敬的物理学家，创立了一种不依赖任何测温质（当然也就不依赖任何测温质的任何物理性质）的绝对真实的绝对温标，也叫开氏温标或热力学温标。

开氏温标是根据卡诺循环定出来的，以卡诺循环的热量作为测定温度的工具，即热量起着测温质的作用。正因为如此，我们又把开氏温标叫做热力学温标。卡诺循环描绘了理想热机的基本图案，具有巨大的理论意义。卡诺循环像迷雾中的灯塔，给出了热机效率的上限。

知识点

气温

气温是一气象术语，一般指大气的温度。天气预报中的气温，指在野外空气流通、不受太阳直射下测得的空气温度。国际上标准气温度量单位是摄氏度（℃）。最高气温是一日内气温的最高值，一般出现在 14～15 时，最低气温一般出现在早晨 5～6 时。中国用摄氏温标，以℃表示摄氏度。一般一天观测 4 次（02、08、14、20 四个时次），部分测站根据实际情况，一天观测 3 次（08、14、20 三个时次）。气温是用来衡量地球表面大气温度分布状况和变化态势的重要指标。它可根据需要分为日均温、月均温和年均温。它还是指导人们正常生活和生产活动的重要参考依据。

延伸阅读

　　开尔文，是英国著名物理学家、发明家，原名 W·汤姆孙。他是人类最伟大的人物之一，是一个伟大的数学物理学家兼电学家。他被看做英帝国的第一位物理学家，同时受到世界其他国家的赞赏。他的一生获得了一切可能被给予的荣誉。而他也无愧于这一切，这是他在漫长的一生中所作的实际努力而获得的。这些努力使他不仅有了名望和财富，而且赢得了广泛的声誉。

开尔文

　　开尔文一生谦虚勤奋，意志坚强，不怕失败，百折不挠。在对待困难问题上他讲："我们都感到，对困难必须正视，不能回避；应当把它放在心里，希望能够解决它。无论如何，每个困难一定有解决的办法，虽然我们可能一生没有能找到。"他这种终生不懈地为科学事业奋斗的精神，永远为后人敬仰。1896 年在格拉斯哥大学庆祝他 50 周年教授生涯大会上，他说："有两个字最能代表我 50 年内在科学研究上的奋斗，就是'失败'两字。"这足以说明他的谦虚品德。为了纪念他在科学上的功绩，国际计量大会把热力学温标（即绝对温标）称为开尔文（开氏）温标，热力学温度以开尔文为单位，是现在国际单位制中 7 个基本单位之一。

温度的测量

18 世纪是热学的真正开端，首先是计温学在这一时期迅速地发展起来。尽管伽利略、盖利克、让·莱伊以及西门图学院的院士们已在 17 世纪发明了第一批验温器并不断作了改进，但它们仍不便于得出定量测定的结果，不同验温器中的不同测温质、不同固定点以及刻度的随意性等使这些验温器只适于对该处温度涨落作相对的估计。

出生于巴黎的阿蒙顿，先后独立研究过天体力学、物理学、数学、建筑学。他早年就变成了聋子，这给他的生活带来诸多不便，也使他无法找到职业。但阿蒙顿并没有为这个不幸而感到痛苦万分和悲观失望，他认为能不能听到声音无法阻挡他心爱的研究工作，他甚至乐观地从这不幸中看到了有幸的成分，因为可以不受外界干扰，而专心致志地从事实验研究。

1703 年，阿蒙顿提出了气体测温计的一个有趣的结构，这是一个外形呈 U 字形的固定体积的温度计，主要利用空气的压强来测量温度。

阿蒙顿

阿蒙顿在 U 形玻璃管的较短的一臂上连接一个空心玻璃球，较长的一臂长 45 英寸。将水银注入 U 形管中并进入玻璃球的下部。测温时用水银始终保持球内空气的体积不变，而用两边水银面的高度差——即球内定容气体的压强与大气压强之差来量度温度。

阿蒙顿将玻璃球先放入冰中，然后再放入沸水中，记下了这两种情形下的

PUSHUOMILI DE REDONGLIXUE

水银面的差值（以英寸为单位），并假定玻璃球内空气的压强正比于温度而变化，从而使他能够依据长臂中水银面的位置来确定任意温度。

但是，由于阿蒙顿只选择了水的沸点作为一个固定点而并不了解水的沸点受大气压的影响，所以他的温度计并不十分准确；加之这种温度计的结构，用于实际目的也不方便，所以还不是实用的温度计。

在计温学的发展史上，第一只实用的温度计是由德国迁居荷兰的玻璃工匠华伦海特于 1709 年开始制造的。华伦海特迁居荷兰后，学习和掌握了制作玻璃器皿的技术，成为一个气象仪器制造商。1708 年，他到丹麦首都哥本哈根旅行，看到了罗默制作的温度计。回到荷兰后，他就开始制作罗默温度计。在了解到阿蒙顿利用水银制造的温度计后，华伦海特也改用水银代替酒精，并开始研究温度计的精密结构。

华伦海特制造实用的温度计深受阿蒙顿工作的影响，这从他提交给《哲学学报》的一篇论文中充分地反映出来。华伦海特写道："我从巴黎皇家学会出版的《科学史》获悉，著名的阿蒙顿曾用自己发明的温度计发现水能在某一固定温度下沸腾的原理。我心中立即产生了一种愿望，很想自己做一个类似的温度计，能亲眼看到那瑰丽的自然现象并证实他的实验的正确性。"

然而制造出实用的温度计虽不是一件易事，却是一件十分迫切需要的事。当时，荷兰的阿姆斯特丹市出现了少有的严寒，几乎每条街的屋面上都是皑皑白雪。

华伦海特家来了两位老人，一进屋就发生了争论：一位说，"即使年岁再大的老人也不记得有过这样的严寒了。"另一位则

阿蒙顿温度计

不服气地说，"可是到底谁知道今年是不是最冷呢？很可能，几百年前的冬天要比我们今年的冬天还要冷呢？要是我们不在人世的话，不知道今后是什么情况呢？"此时，年仅 23 岁的华伦海特也加入到争论中来。他目光炯炯，颇动感情地说："我找到了一个办法，有了这个办法，在许多年之后，我们的子孙们可以说出到底哪个冬天最冷了。"

两位老人都笑了起来，异口同声地说："你有什么好办法呢?"华伦海特很有礼貌地站起身，用手向外一指，"请原谅，到我的小工场去参观一下吧!"两位老人随华伦海特向一所房子走去。他们所见到的东西使他们大为吃惊。一个很大的熔铁炉占去了大半个房间，炉旁是垛成堆的大大小小的管子、一个小熔炉以及许多五花八门的玻璃仪器。

华伦海特把老人领到桌前，桌上摆着一些器皿，器皿上安装着一些细高细高的、底部封闭的玻璃管。管子里有的装着带色的酒精，有的则装着水银。"请看!"华伦海特用手摸着一个小管子说，"我在这根玻璃管里充满了酒精。"他用手指着另一个小管子说，"在这根管子里注入了水银。"华伦海特继续说，"请注意，在这两个管子上都有刻度。当我把这两个管子浸到热水里时，酒精或水银都会升高。而我标定 0 点的地方是我把管子浸在冰、水、氯化铵的混合液体里时，酒精和水银停止的地方，这是我所能得到的最低温度。因此，我认为即使是最寒冷的冬天，也可用这些温度计表示出来。"

"不可思议，"其中一位老人耸了耸肩，"怎么能拿玻璃皿里的冷与上天安排来折磨整个世界的严冬相比较呢?"

"可以比较，可以!"华伦海特一点儿也不让步，"温度计中的酒精或水银是活动的，将温度计放在室外可以表示温度的变化。酒精或水银柱的高度在冬天比夏天要低，没有一个冬天能使酒精或水银下降到像在这个混合液里一样低。"

华伦海特送走了两位老人，继续进行温度计的研究。1724 年，他在皇家学会的刊物《哲学学报》上发表了制造温度计的方法，即发表了关于实用温度计的第一篇论文。他那时所设计的温度计选用了两个固定点：结冰的盐水混合物的温度和人体的血液的温度，并把它们之间的间隔分为 96 度。在华伦海特后来发表的论文中，他又采取了不同的刻度法，其中最后一个刻度法后来以他的名字命名。这个刻度法规定了 3 个固定点：冰、水和氯化铵的混合温度，用 0°来表示；冰、水混合温度，用 32°标出；水的沸点，为 212°。

当华伦海特的温度计被荷兰和英国人采用时，其他国家却迟迟看不到它的价值。而法国博物学家列奥米尔为了消除刻度不一致的困难，致力于制造一个既方便又能达到精确要求的温度计。他只取一个定点，即雪的熔点为 0°，而把酒精体积改变 1/100 的温度变化作为 1°，这样水的沸点就为 80°。

但是，列奥米尔温度计的实用效果并不很好，各种各样难于置信的读数都被显示出来。1742 年，瑞典天文学家摄修斯在《对一个寒暑表上两个固定点的观察》一文中引入了百分刻度法。他用水银做测温质，研究了雪的融化点和水的沸点与大气压力的关系。在进行这个试验时，他将温标上这两个点之间分成 100 个格并把水的沸点定为 0°，冰的溶点定为 100°。后来他接受同事斯特雷姆的建议，也可能受到植物学家林耐的提醒，把这两个定点的标度值对调过来。

以上各种温度计中，摄氏温度计较实用、方便。1948 年第 9 届国际计量大会，把百分刻度法定名为摄氏温标。它有两个定点：纯水在标准大气压下的沸点，冰在标准大气压下与由空气饱和的水相平衡时的熔点。1960 年第 11 届国际计量大会决定，把水的三相点温度作为热力学温标的单一定点，并定为 273.16K。

知识点

温 度

是表示物体冷热程度的物理量，微观上来讲是物体分子热运动的剧烈程度。从分子运动论观点看，温度是物体分子平均平动动能的标志。温度是大量分子热运动的集体表现，含有统计意义。

延伸阅读

摄尔修斯（Anders Celsiu，1701～1744）瑞典物理学家、天文学家，瑞典科学院院士。1701 年 11 月 27 日生于乌普萨拉。他曾在乌普萨拉大学学习，受父亲影响，从事天文学、数学、地球物理学和实验物理学研究。年仅 26 岁便担任了乌普萨拉科学协会会长，并在大学任教。1730～1744 年任乌普萨拉大学教授，1740 年兼任乌普萨拉天文台台长。

自 1732 年至 1736 年期间他离开瑞典到国外访问，先后到柏林、纽伦堡、意大利和巴黎等地，广泛地参观访问了天文台和著名科学家。1733 年他把在北极观察的北极光的情况收集成册，在纽伦堡出版了叫《北极光观测资料汇编》一书。他在意大利、巴黎访问期间，正赶上一场关于地球形状的大论战：巴黎一方认为地球是一个纵长的白兰瓜型，而伦敦一方则认为地球是两极扁平的横长型。为了确定地球的形状，考证牛顿关于地球赤道附近半径大而两极扁平的理论，法国巴黎科学院于 1735 年和 1736 年先后派出两支科考队伍，到赤道和北极圈内进行大规模的地球纬度测量工作。摄尔修斯 1735 年去伦敦搞到了测量所需要的仪器，1736 年便随队出发到北极圈进行实测，1737 年顺利完成任务回国。这次论战和实地测量的结果，说明地球纬度 1 度的长度越接近北极越长，证实了牛顿力学理论的正确性，使牛顿力学在法国得到了广泛的传播。这里边也有摄尔修斯的一份功劳。

摄尔修斯在总结前人经验的基础上，1742 年创立了摄氏温标。这是摄尔修斯对热学不可磨灭的贡献。同年发表了论文《温度计中两个不动刻度的观察》，他把水银温度计插入正在熔解的雪中，定为冰点作为一个标准温度点；然后又把温度计插入沸腾的水中，定为沸点作为另一个标准温度点（这其中实际上暗含了正常大气压这个条件）。并把冰点和沸点之间等分 100 度，所以摄氏温标又叫百分温标。为了避免测量低温时出现负值，他把水的沸点定为零度，而冰点定为 100 度。到 1750 年根据他的同事 M·施勒默尔的建议，把这种标度倒转过来，以冰点为零度，沸点为 100 度。开始人们称它为"瑞典温度计"，大约在 1800 年人们才称它为摄氏温度计。1948 年在巴黎召开的第九届国际计量大会根据"名从主人"的惯例，把百分温标正式命名为"摄氏温标"，以纪念摄尔修斯。摄氏温标的单位是"摄氏度"，用℃表示。摄氏温度现在仍然是世界通用的温度数值表示方法。摄尔修斯对温度计的制作和改进，对促进热学的研究和发展作出了贡献。

摄尔修斯还研究了沸点和气压的关系，证明了气压不变，液体的沸点也不变化。他还研究了不同液体混合后体积减小的现象。例如他把 40 单位体积的水和 10 单位体积的硫酸混合，结果只有 48 单位体积。

1744 年 4 月 25 日，摄尔修斯在乌普萨拉逝世。

热　能

　　热能又称热量、能量等。由于温度差，在热传递过程中，物体（系统）吸收或放出能量的多少，叫做"热量"。它与做功一样，都是系统能量传递的一种形式，并可作为系统能量变化的量度。热量是热学中最重要的概念之一，它是量度系统内能变化的物理量。在热传递的过程中，实质上是能量转移的过程，而热量就是能量转换的一种量度。热传递的条件是系统间必须有温度差，参加热交换不同温度的物体（或系统）之间，热量总是由高温物体（或系统）向低温物体（或系统）传递的，直到两个物体的温度相同，达到热的平衡为止。

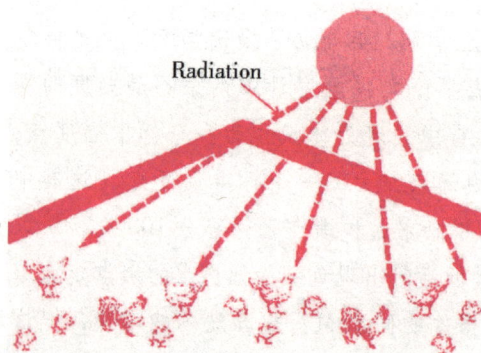

Radiation

热　量

　　热量原是热质说中引入的一个物理量。热质说把热量定义为热质之量，即热质的多少。热质说认为物体温度的高低由所含热量（热质）的多少来决定，而且传递的过程是热质移动的过程。现在热质说已被废弃，却保留了"热量"一词，但两者的含义根本不相同。我们说到热量由一个物体转移到另一物体时，意思是说，能量以热传递的方式，从一个物体转移到了另一个物体，其能量转移的数量（不是代表每个物体内能的多少）就用热量来表示。可见，热量只是用来衡量在热传递过程中物体内能增减的多少，并不是用来表示物体内能的多少。说某系统或某物体包含了多少热量，是没有意义的。在国际单位制中，热量的单位是焦耳（工程上常使用卡或千卡作为度量热量的单位）。

　　热量是生命的能源。人每天的劳务活动、体育运动、上课学习和从事其他一切活动，以及人体维持正常体温、各种生理活动都要消耗能量。就像蒸汽机需要烧煤、内燃机需要用汽油、电动机需要用电一样。人体的热能来源于每天所吃的食物，但食物中不是所有营养素都能产生热能的，只有碳水化合物、脂肪、蛋白质这三大营养素会产生热能。每克碳水化合物在体内氧化时产生的热能为 16.74 千焦耳（4 千卡），脂肪每克为 37.66 千焦耳（9 千卡），蛋白质每克为 16.74 千焦耳（4 千卡）。热能的单位，常指能使 1 升水升高 1 摄氏度所需的热量，就相当于 4.184 千焦耳的热能。单位换算如下：1 千卡 = 4.184 千焦耳，1 千焦耳 = 0.239 千卡。热能的需要量指的是维持身体正常生理功能及日常活动所需的能量，如低于这个数量，将对身体产生不良影响。

人体需要的能量也即包括基础代谢所需的能量、劳动活动所需的能量、消化食物所需的能量 3 个方面。对于处在生长发育阶段的儿童青少年，由于身体的新陈代谢特别旺盛，对热能的需要量较高。一个人如果其热量摄入不足，就会使体内贮存的糖逐渐减少，到一程度时，就将开始动用脂肪，并消耗部分蛋白质，使肌肉和内脏萎缩、消瘦、乏力、体重减轻，变得"骨瘦如柴"，各种生理功能受到严重影响，甚至危及生命。在日常生活中，有些学生经常少吃或不吃早餐，由于体内热能不足，使得血糖降低，在上第二节课以后往往产生饥饿感，自觉手足无力，上课时思想不集中。这就是吃的食物不够，能量不足所造成的，日久还会影响生长发育。

但是，如果每天吃过多的糖果、甜食等，使食物的产热量超过需要量，那么多余的能量就会转化成脂肪，积聚在皮下组织，使皮下脂肪增厚，体重超过正常范围，出现肥胖现象。并将成为成年期的高血压、糖尿病、心血管病等器质性疾病的先兆因子。

营养就是生长发育的"建筑材料"，生长是指细胞的繁殖、增大及细胞间质的增加，表现为全身各部分、各器官、各组织的大小、长短及重量的增加；发育是指身体各系统、各器官、各组织功能的完善。生长主要是量的变化，发育主要是质的变化。生长发育除产生体格方面的生理变化以外，还包括神经系统以及由此引起的心理素质的变化。影响生长发育的主要因素有遗传和营养、疾病、锻炼、生活水平、社会环境、气候因素等，其中营养因素占有十分重要的地位。蛋白质、脂肪、糖类及维生素等七大营养素，对生长发育均起着极其重要的作用。例如，构成人体组织的基本单位是细胞，细胞的主要成分是蛋白质。新的组织细胞的构成，细胞的繁殖、增大及细胞间质的增多，都离不开蛋白质。又如碳水化合物、脂肪、维生素等营养素，也都是构成组织细胞的重要成分和生长发育的重要物质基础。

学生的身高、体重、发育受膳食结构的影响很大，1935～1980 年期间，日本儿童的生长发育水平来了个加速性提高。由于日本政府十分重视营养，从而使日本成为当今世界的经济强国和长寿之国。以致被世界众多学者概括为："一顿营养午餐即振兴了日本民族。"我国儿童、青少年的生长发育水平，非常显著的为 20 世纪 90 年代高于 60 年代高于 40 年代。这也充分说明了营养因素对中国儿童、青少年身高、体重的增长起到了明显的促进作用。

因此，不论是生长还是发育都少不了营养，营养既是决定生长发育潜在水平最终发挥得如何的重要因素，也是影响生长发育最为重要的"建筑材料"。

比热容

又称比热容量（specific heat），简称比热容，是单位质量物质的热容量，即是单位质量物体改变单位温度时吸收或释放的内能。通常用符号 c 表示。

物质的比热容与所进行的过程有关。在工程应用上常用的有定压比热容 cp、定容比热容 cV 和饱和状态比热容 3 种，定压比热容 cp 是单位质量的物质在比压不变的条件下，温度升高或下降 1℃或 1K 所吸收或放出的能量；定容比热容 cV 是单位质量的物质在比容不变的条件下，温度升高或下降 1℃或 1K 所吸收或放出的内能，饱和状态比热容是单位质量的物质在某饱和状态时，温度升高或下降 1℃或 1K 所吸收或放出的热量。

水的比热容较大，在工农业生产和日常生活中有广泛的应用。这个应用主要考虑两个方面，第一是一定质量的水吸收（或放出）很多的热而自身的温度却变化不多，有利于调节气候；第二是一定质量的水升高（或降低）一定温度吸热（或放热）很多，有利于用水作冷却剂或取暖。

熔解热

常温常压下，1mol 溶质溶于水时的反应热，叫做这种物质的熔解热。

单位质量的晶体物质，在熔点由固相转变为液相所吸收的相变潜热。晶体的熔解是粒子由规则排列转向不规则排列的过程。这些热量就将用来反抗分子引力做功，增加分子的势能，也就是说，这时物质所吸收的热量是破坏点阵结构所需的能量，使分子的运动状态起质的变化；从固态的分子热运动转变成液态的分子热运动，同时改变了物质的状态。所以晶体不仅有固定的熔点，而且还需要吸收一定数量的热量来实现它的熔解。由于物质不同其晶体空间点阵结构不同，尽管各种不同物质的质量相同，但在熔解时所吸收的热量却不相同。为表示晶体物质的这一特性，而引入熔解热。它表示单位质量的某种固态物质在熔点时完全熔解成同温度的液态物质所需要的热量；该物质在凝固时，在凝固点，也等于单位质量的同种液态物质，转变为晶体所放出的热量。

如果用 λ 表示物质的熔解热，m 表示物质的质量，Q 表示熔解时所需要吸收的热量，则：$Q = \lambda m$。

熔解热的单位是焦耳/克或焦耳/千克。测量熔点较高的物体的熔解热是比较困难的，但是对于熔点较低的物体，就可以用量热器来测定。

汽化热

汽化热指单位质量的某种物质在温度保持不变的情况下，由液相转变为气相时所吸收的相变潜热，也等于同种物质的单位质量在相同条件下由气相转变为液相所释放的相变潜热。不同的液体汽化热不同。同种液体在不同的温度时其汽化热亦不同。当温度升高时其汽化热减小。这是由于温度升高，液态与气态间的差别逐渐减少的缘故。

我们知道，在通常情况下，物质的存在形式有三种状态，即固态、液态和气态。在一定条件下，物质可以从一种状态转变为另一种状态。这种物态变化在物理学上称为"相变"。在我们居住的地球上，水的三态变化很容易实现，所以物态变化是人们早就熟悉的现象。

1754 年冬天，德留克在巴黎做实验时，把温度计插入装有水的容器中，待水完全凝固成冰后，将容器放到微火上慢慢加热。德留克发现，起先，温度示数缓缓上升；但当冰开始融化时，虽然继续加热，温度示数却保持不变，直到冰完全熔解后，温度示数才重新缓缓上升。那么，在这段时间内冰所吸收的热量到哪里去了呢？德留克设想，热量必是以某种形式被束缚起来了。他又以适量的水和冰混合起来进行实验，得到了同样的结果，即一部分热量似乎"消失"了。这就是潜热的发现。

潜热的发现，使"热量守恒"的观念进一步得到证明；但同时也明确了，前述混合量热公式并不适用于冰水混合的情况。或者更一般地说，这个公式只在不发生物态变化的情况下才是适用的；而在包含有相变的过程中，则必须考虑潜热的吸收和释放。当然，按照现代的观点，并不存在什么"潜热"，而是在相变过程中发生了能量形式的转换，即热这种形式的能转变为物质粒子间的势能，这就是"熔解热"和"汽化热"的实质。

地　热

地　热

地球上火山喷出的熔岩温度高达 1 200℃～1 300℃，天然温泉的温度大多在 60℃以上，有的甚至高达 100℃～140℃。这说明地球是一个庞大的热库，蕴藏着巨大的热能。那么地热是从何而来的呢？要想回答这个问题，就需要从地球的构造谈起。

地球可以看做是半径约为 6 370km 的实心球体。它的构造就像是一个半熟的鸡蛋，主要分为 3 层。地球的外表相当于蛋壳，这部分叫做"地壳"，它的厚度各处很不均一，由几千米到 70km 不等。地壳的下面是"中间层"，相当于鸡蛋白，也叫"地幔"，它主要是由熔融状态的岩浆构成的，厚度约为 2 900km。地壳的内部相当于蛋黄的部分叫做"地核"，地核又分为外地核和内地核。

地球每一层的温度是很不相同的。从地表以下平均每下降 100 米，温度就升高 3℃，在地热异常区，温度随深度增加得更快。我国华北平原某钻井队钻到 1 000 米

火　山

时，温度为46.8℃；钻到2 100米时，温度升高到84.5℃。另一钻井，深达5 000米，井底温度为180℃。根据各种资料推断，地壳底部和地幔上部的温度约为1 100℃～1 300℃，地核约为2 000℃～5 000℃。

地壳内部产生的热量是从哪里来的呢？一般认为，是由于地球物质中所含的放射性元素衰变产生的热量。有人估计，在地球的历史中，地球内部由于放射性元素衰变而产生的热量，平均为每年5万亿亿卡。这是多么巨大的热源啊！1981年8月，在肯尼亚首都内罗毕召开了联合国新能源会议，据会议技术报告介绍，全球地热能的潜在资源，约相当于现在全球能源消耗总量的45万倍。地下热能的总量约为标准煤全部燃烧所放出热量的1.7亿倍。

由于构造原因，地球表面的热流量分布不匀，这就形成了地热异常，如果再具备盖层、储层、导热、导水等地质条件，就可以进行地热资源的开发利用。

所谓地热资源就是以水为介质把热带到地表的温泉水。我国不少地方都有温泉出露，著名的小汤山温泉就是其中之一。目前我们对北京地区已进行了40多年的地热资源勘探研究，用钻探手段我们可以把地下几千米的热水，即温泉带到地表，这就是地热资源开发。

地热也可用于发电，即地热发电。

知识点

碳水化合物

碳水化合物是由碳、氢、氧3种元素组成的一大类化合物，是地球上最丰富的有机物，化学中称为糖类。碳水化合物在体内氧化速度较快，能够及时供给能量以满足机体需要，所以，碳水化合物是大部分人摄取能量最经济和最主要的来源。它们也是机体的重要组成部分，与机体某些营养素的正常代谢关系密切，具有重要的生理功能。

碳水化合物是自然界存在最多、分布最广的一类重要的有机化合物。葡葡糖、蔗糖、淀粉和纤维素等都属于糖类化合物。糖类化合物是一切生物体维持生命活动所需能量的主要来源。它不仅是营养物质，而且有些还具有特殊的生理活性。例如：肝脏中的肝素有抗凝血作用；血液中的糖与免疫活性有关。此外，核酸的组成成分中也含有糖类化合物——核糖和脱氧核糖。因此，糖类化合物对医学来说，具有更重要的意义。

延伸阅读

詹姆斯·普雷斯科特·焦耳（James Prescott Joule；1818～1889），英国物理学家。

焦耳的主要贡献是他钻研并测定了热和机械功之间的当量关系。这方面研究工作的第一篇论文《关于电磁的热效应和热的功值》，是1843年在英国《哲学杂志》第23卷第3辑上发表的。此后，他用不同材料进行实验，并不断改进实验设计，结果发现尽管所用的方法、设备、材料各不相同，结果都相差不远；并且随着实验精度的提高，趋近于一定的数值。最后他将多年的实验结果写成论文发表在英国皇家学会《哲学学报》1850年第140卷上，其中阐明：第一，不论固体或液体，摩擦所产生的热量，总是与所耗的力的大小成比例。第二，要产生使1磅水（在真空中称量，其温度在50～60华氏度之间）增加1华氏度的热量，需要耗用772磅重物下降1英尺的机械功。他精益求精，直到1878年还有测量结果的报告。他近40年的研究工作，为热运动与其他运动的相互转换、运动守恒等问题，提供了无可置疑的证据，焦耳因此成为能量守恒定律的发现者之一。

焦耳没有受过正规教育，15岁以前在家自学。16岁时跟着英国物理兼化学学家约翰·道尔顿学习。1840年，焦耳的第一篇重要的论文被送到英国皇家学会，这篇论文中提出了"焦耳定律"。1847年，焦耳与英国著名物理学家开尔文勋爵（Lord Kelvin 即 William Thomson）合作进行能量守恒等问题的研究。1849年，焦耳提出能量守恒与转化定律，奠定了热力学第一定律（能量不灭原理）的基础。

1850 年，焦耳当选为英国皇家学会院士。1866 年英国皇家学会授予焦耳最高荣誉的科普利奖章（Copley Medal），以表彰他在热学、热力学和电学方面的贡献。后人为了纪念他，把能量或功的单位命名为"焦耳"，简称"焦"，并用焦耳姓氏的第一个字母"J"来标记热量。

热胀冷缩——热平衡的表现

几个原先温度不同的物体放在一起后，温度高的物体逐渐变冷，温度低的物体逐渐变热，最后它们的温度趋于相同，我们就说它们处于热平衡状态。就是同一个物体，如果它内部各部分的温度原先不同，经过一段时间后，各部分温度趋于一致，也叫处于热平衡状态。

例如，在半杯冷水中倒进小半杯热水，过一会儿，都变成温水了。又如有一根小铁棒，将它的一头放在火上烧一会儿，它的一头就变热了，另一头温度要低些，但过不多久，整根铁棒的温度就一样了。如果再多放些时候，铁棒和周围空气的温度也将趋于一致。从分子运动论的眼光来看，原先温度高的物体内部分子的平均速度大，原先温度低的物体分子平均速度小，让它们互相进行接触，它们的分子就会发生相撞，结果原先速度大的分子撞了其他分子后速度变小了，而原先速度小的分子被撞得速度变大了，大量的分子撞来撞去，最后使各处的分子平均速度都差不多，物体之间的温度也就相同了。

任何温度不同的物体放在一起，总会自动地趋于热平衡状态；相反，要使原先温度相同的物体变得冷热不一样，则要用其他方法，像用火来加热，或用力摩擦等。热膨胀指物体在温度升高时，它的长度增长、面积扩大、体积膨胀的现象。而当温度下降时，物体的长度就缩短、面积缩小、体积也收缩，这种现象通俗地讲是热胀冷缩。

冬天，路边电线杆之间的电线拉得比较紧，但到了夏天，电线因温度升高而变长，便松弛地垂了下来。如果哪个冒失的架线工，为了节省电线，在夏天把电线拉得紧紧的，那么，到了寒冷的冬天，电线非绷断不可。法国的塞纳河上有一座桥，原先桥的两头是固定在桥墩上的，有一年冬天，气温骤然下降，桥梁收缩得厉害，结果把桥墩上的水泥也拉坏了。所以，钢铁大桥的一头是固定的，另一头则放在滚子上，让它可以随着桥梁伸缩移动。用水泥铺成的公路上，每隔一段距离就留有一小段空隙，以备水泥膨胀之用。同样道理，铁路的钢轨不是一根根紧密相连，而是在两根之间留有一段空隙。

电　线　杆

自然界中绝大多数的物体是热胀冷缩的，但是也有反常的，像水从0℃升高到4℃时，它的体积反而缩小了，这叫反常热膨胀。水的这种反常性质可救了许多水生动物的命，因为4℃的水体积最小，所以它一直沉在水底，上面的水结冰了，鱼类还可在下面的水中生存。正是由于水的这种特性，人们在冰天雪地的季节里，仍可以凿开河面的冰层，在水下捕到活蹦乱跳的鱼。

有人说，既然温度下降，物体的长度会缩短，那么不断降低温度，物体的长度不就会缩到零吗？这种担心是没有根据的，因为温度不可能永远降下去，自然界中低温有一个极限，这就是绝对零度，即使到了绝对零度，物体长度仍不为零，何况温度不可能再低下去了。

▶▶ 知识点

分 子

　　分子是独立存在而保持物质化学性质的最小粒子。分子有一定的大小和质量；分子间有一定的间隔；分子在不停地运动；分子间有一定的作用力；分子可以构成物质，分子在化学变化中还可以被分成更小的微粒：原子；分子可以随着温度的变化，在三态中互相转换。同种分子性质相同，不同种分子性质不同。最小的分子是氢分子的同位素，是没有中子的氢分子，称为气，质量是1；大的分子其相对分子质量可高达几百万以上。相对分子质量在数千以上的分子叫做高分子。分子是组成物质的微小单元，它是能够独立存在并保持物质原有的一切化学性质的最小微粒。分子一般由更小的微粒原子构成。按照组成分子的原子个数可分为单原子分子、双原子分子及多原子分子；按照电性结构可分为有极分子和无极分子。不同物质的分子其微观结构、形状不同，分子的理想模型是把它看作球型，其直径大小为 10^{-10} m 数量级。分子质量的数量级约为 $10 \sim 26$kg。

📟 延伸阅读

　　在第二次世界大战期间，一名受雇于美国电气公司的科学家——伊文·朗沫接受了一项课题：寻找飞机机翼结冰原因。他带着年轻的助手斯坎佛来到新汉普郡的一座高山上，山上终年积雪。在那里，伊文·朗沫与斯坎佛发现云雾缭绕的山巅，空气温度大大低于冰点，然而却不见一点冰霜。这是什么原因呢？

　　战争结束了，斯坎佛决定探索其中的奥秘。他采用一台冷冻机制冷，接着把温度调到与云中相似的程度，随后又投入一些粉末物质（例如糖）以促使其结晶。但结果是既无晶体生出，也没有其他现象出现。7月的一天，当斯坎佛正耐心试验时，一个朋友走来请他喝酒。斯坎佛离开试验室时，冷冻机的盖子没有盖上，因为他认为，冷空气沉在下面是不会轻易跑掉的。斯坎佛回来以后，发现冰箱内温度已经大大高出了冰点，此时降低温度有两种办法：一是关上冷冻机盖子后等待一段时间；二是掷入一些干冰。他为了争取时间，还是选择了第二种办法。在向冰箱内掷干冰的过程中，斯坎佛无意识地吐了一大口气，奇迹发生了！他看到许多五彩缤纷的东西在眼前飞舞，他马上意识到这就是冰的结晶，而且与他吐出的潮气有关。斯坎佛叫来助手重复这一试验。随着

雪　花

不停地向外吐气和大块大块的干冰掷入箱内，实验用的地板被一层晶莹的白雪覆盖了。

　　"既然我能够在冰箱中降雪，为什么不能在真正的云中降雪呢？"斯坎佛决定用飞机载上一台撒干冰的机器到空中一试。

　　当地面上的伊文·朗沫激动地望着从云中徐徐降下的雪花时，他向走下飞机的斯坎佛说："你做出了名垂青史的伟绩！"

热传递三方式

　　热从温度高的物体传到温度低的物体，或者从物体的高温部分传到低温部分，这种现象叫做热传递。

　　热传递是自然界普遍存在的一种自然现象。只要物体之间或同一物体的不同部分之间存在温度差，就会有热传递现象发生，并且将一直继续到温度相同的时候为止。

　　发生热传递的唯一条件是存在温度差，与物体的状态、物体间是否接触都无关。热传递的结果是温差消失，即发生热传递的物体间或物体的不同部分达

到相同的温度。

在热传递过程中，物质并未发生迁移，只是高温物体放出热量，温度降低，内能减少（确切地说是物体里的分子做无规则运动的平均动能减小），低温物体吸收热量，温度升高，内能增加。因此，热传递的实质就是内能从高温物体向低温物体转移的过程，这是能量转移的一种方式。

热传递有3种方式：传导、对流和辐射。

热传导又叫"导热"，是固体中传热的一种主要方式。在这种传热过程中，热量从固体的一部分传到另一部分去，固体里的物质却没有移来移去。从分子运动论来看，在固体中，温度高的地方分子的平均速度大，分子比较活跃，它们相碰撞的机会多，分子撞来撞去，原先速度大的分子"累"了，速度降了下来，而原先速度小的分子被撞得活跃起来，速度变大了，这样使固体内部各处的分子平均速度趋向于相同。从外面看，就是热量从温度高的地方传到温度低的地方去了。在这个过程中，传递的是分子的速度，或者说是热量，而不是热的地方的分子跑到冷的地方去，也不是什么"热的物质"传过去了。

用不同材料做成的物体，导热的本领是不一样的。用金属做的调羹，导热本领大，传热快；用瓷器做的调羹，传热的本领就要差一点；而用塑料做的调羹，传热本领还要差。冬天，穿厚厚的棉袄，很暖和，因为棉花传热的本领差，身体里的热量不容易散出去。而当把冰棍用棉被盖起来时，有人担心棉被里的冰棍会热得融化掉，这种想法是错的。因为，棉被不传热，起的是隔热作用，它既能使身体中的热量不容易传出去，也能使外面的热量不容易传进去融化冰棍。

对流是液体和气体中传热的一种主要方式，它是靠液体或气体的流动来传热的过程。在这种过程中，热量的传递是和物质的移动结伴而行的。由于热胀冷缩，温度高的液体体积大，密度小。也就是说，体积同样大小的液体热的轻一点，冷的重一点，于是热的液体要上升，冷的液体要下降，它们相互交换位置，同时把热量也带来带去，这就是对流。从分子运动论的角度看，冷热不同的液体互换位置时，速度大小不同的分子也在不断交换位置，最后使得液体中各处分子的平均速度趋向于一致，整个液体处于热平衡状态，对流过程也就结束了。气体中的情况和液体中差不多，冷热不同的气体交换位置就形成风，风将高温地方的热量带到低温地方去。夏天，为了使身上的热量快些散发出去，

电　扇

人们用扇子或风扇来制造风，加快热量的传递；而为了使冷热不同的饮料混在一起，人们还用搅拌的方法，加快饮料中的对流过程。

热辐射是传热的 3 种方式中的一种，指温度高的物体向周围发出带着热量的电磁辐射的过程。物体温度越高，辐射越强。如果物体的温度比周围环境的温度高，那么它发出的热辐射多，吸收的热辐射少，总的来讲，它是发出热辐射；如果物体温度比周围环境温度低，那么它发出的热辐射少，吸收的热辐射多，总的来讲，它是吸收热辐射。通过这种发射和吸收热辐射的方式，高温物体的热量就传到低温物体上去。与热传导、对流不同，热辐射能把热能以光的速度穿过真空，从一个物体传给另一个物体。任何物体只要温度高于绝对零度，就能辐射电磁波，波长为 0.4～40 微米范围内的电磁波（即可见光与红外线）能被物体吸收而变成热能，故称为热射线。因电磁波的传播不需要任何媒质，所以热辐射是真空中唯一的热传递方式。例如，太阳传给地球的热能就是以热辐射的方式经过宇宙空间而来的。

一般说，物质吸收热量后温度会升高，但构造不同的物质，熔解过程中温度变化情况不相同。像铺路用的沥青，放在大铁桶里用火烧，随着温度升高，桶里的沥青逐渐变软，最后软成能够流动的液体，在它熔化的过程中，沥青温度一直在升高。玻璃、石蜡、塑料等的熔解情况和沥青相似，它们都是非晶体。而像冰块，在温度从零下升高到零摄氏度的过程中，冰块并不变软，只有当它升高到 0℃ 后，

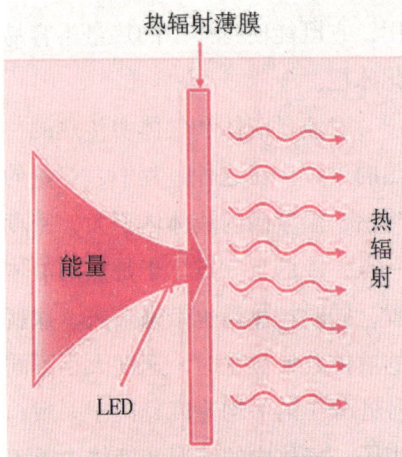

热辐射薄膜

能量

LED

热辐射

热　辐　射

继续对它加热，冰块就逐渐熔化、体积变小，但在熔解过程中，温度始终保持在0℃，等它完全熔解成水后，温度才又开始升高，这是晶体熔解的特点。

知识点

能 量

　　世界万物是不断运动着的，在物质的一切属性中，运动是最基本的属性，其他属性都是运动属性的具体表现。例如：空间属性是物质运动的广延性体现；时间属性是物质运动的持续性体现；引力属性是物质在运动过程由于质量分布不均所引起的相互作用的体现；电磁属性是带电粒子在运动和变化过程中的外部表现；等等。物质的运动形式是多种多样的，对于每一个具体的物质运动形式存在相应的能量形式，例如：与宏观物体的机械运动对应的能量形式是动能；与分子运动对应的能量形式是热能；与原子运动对应的能量形式是化学能；与带电粒子的定向运动对应的能量形式是电能；与光子运动对应的能量形式是光能；等等。当运动形式相同时，两个物体的运动特性可以采用某些物理量或化学量来描述和比较。例如，两个做机械运动的物体可以用速度、加速度、动量等物理量来描述和比较；两股做定向运动的电流可以用电流强度、电压、功率等物理量来描述和比较。但是，当运动形式不相同时，两个物质的运动特性唯一可以相互描述和比较的物理量就是能量，即能量特性是一切运动着的物质的共同特性，能量尺度是衡量一切运动形式的通用尺度。

延伸阅读

　　在炎热的夏天，应该穿白色的衣服还是应该穿黑色的衣服？似乎是人人都知道的。当然应该穿白色的衣服。可是生活在沙漠中的贝都因人，却世世代代

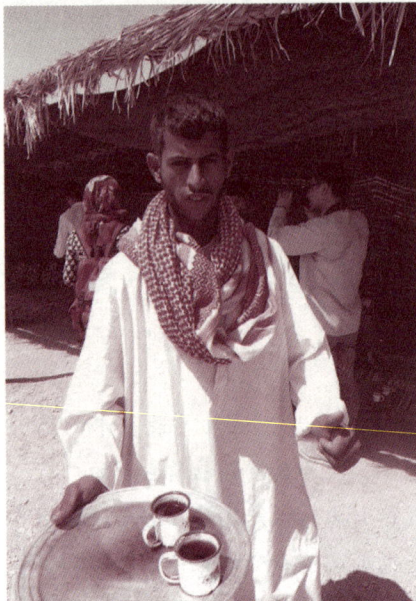

贝 都 因 人

都穿黑色的袍子度过夏天。

这件反常的事情，引起了科学工作者的兴趣。他们在阳光下进行测试，黑色袍子表面温度（47℃）比白色表面温度（41℃）要高，同时黑色的东西更容易吸收阳光的辐射。

他们又测了地面附近空气的温度，那里是38℃，这个温度比袍子里空气的温度要低一些。这就是说，无论是黑袍子还是白袍子，里面的空气温度比地面附近空气的温度都高。这样就会发生对流现象，袍子里的热空气上升，周围的空气来补充，袍子里面形成由下而上的气流。

贝都因人穿的袍子非常肥大，不会妨碍气流流动。由于黑袍子里的空气和地面空气的温度差比白袍子里的大，对流也比白袍子里强一些。对流产生的气流把衣服表面传来的热量带起，并加速了汗水的蒸发。所以穿黑袍子的人比穿白袍子的人觉得更舒服一些，贝都因人也许早就知道这个道理。对流可以算是最古老的知识，但是使人感到意外的是，至今还没有人详细而定量地列出对流计算方程。科学界虽然涌现过无数有聪明才智的人，但是谁也没有最后解决这个问题。对流在许多领域里的应用，还等待着人们去完成。在地壳内部，对流使海底产生一系列的裂变；岩浆的对流驱使着大陆慢慢漂移；在太阳上对流引起光球层激烈的运动；在盐湖里，特殊的对流过程，使人利用盐湖收集太阳光，提供大量电能……

蒸发和沸腾

液体表面发生汽化的现象叫做蒸发。液体内部和表面同时发生剧烈的汽化现象叫做沸腾。如果我们有孙悟空那样的本领，把身体缩得很小很小，钻到液体里面去看看，可以看到些什么情景呢？真想不到，液体的分子之间还有空隙。每个分子都在不停地做高速运动，当它碰撞到邻近的分子时，就立即被弹回来，忙忙碌碌，好像永远不会感到疲劳。在液体表面层的分子就更活跃了，它们在接触空气的那一面受到的阻碍作用较小。液体的每个分子的运动速率不同，有的很"强壮"，跑得很快；有的比较"衰弱"，跑得很慢。那些跑得快的分子很容易摆脱周围分子的束缚，跳到阻碍作用小的空气中去。如果盛液体的容器口敞开着，那么这些跳出来的分子就会逃之夭夭。这就形成了蒸发现象。如果我

蒸发蒸腾作用

树木蒸散　草地蒸散　土壤蒸散

蒸　发

们把盛液体的容器盖上盖子，跳到空气中的液体分子就跑不掉了。它们混杂在空气分子中，有的碰撞到其他分子，又被弹回到液体表面，进入液体中。这时候容器里的液体表面上空非常热闹，有些液体分子刚从液体表面上跳出来，有些液体分子在空气中撞到其他分子又被弹回到液体里去。当从液体表面跳出的分子和弹回到液体里的分子数目相等时，就"停止蒸发"了。就好像在一个蜂箱里有 1 000 只蜜蜂，每分钟飞出 50 只，同时又从外面飞回 50 只，蜂箱里蜜蜂的总数既不增多，也不减少。这里讲的"停止蒸发"，情况有些类似。其实并不是真正的停止，而是达到了"进出平衡"。

　　蒸发的时候，从液体表面跳出来的分子，都要达到相当大的速率，才能摆脱束缚。分子的运动速率越大，具有的能量也越大。这就要向四周吸取热量来增加分子运动的速率。所以液体蒸发时会使周围物体的温度降低。我们可以做一个小实验来证明。用电风扇对着一只温度计吹风，无论吹多长时间，温度计的读数不会下降。因为在同一房间里的气温都是相同的，空气流动形成的风的温度和原来的室温相同，所以温度计反映的温度不会发生变化。如果在温度计

PUSHUOMILI DE REDONGLIXUE

的泡上蘸一些水，不一会儿，温度计的读数就下降了。因为温度计的泡上水分蒸发，吸取了温度计泡的热量，使得温度下降。吹电风扇感到凉快，也是因为皮肤表面的水分在蒸发的缘故。如果人体的皮肤表面干得像没有水分的温度计一样，可以肯定，吹电风扇时一点也不会感到凉快。

任何情况下，液体的表面都在发生汽化。液体的内部会不会发生汽化呢？我们烧水的时候，当温度达到100℃，整个水壶中汽泡翻滚，不但水的表面汽化，内部也有无数的气泡升到水面。我们习惯上说水开了。液体在一定温度时，它的内部和表面同时发生剧烈的汽化现象，这就叫做沸腾。各种液体沸腾时的温度——沸点各不相同。在一个大气压的条件下，液态空气在 –193℃就沸腾了，水在100℃沸腾，铁水要达到2 450℃才沸腾。液体的沸点和大气压有关，气压高，沸点也高；气压低，沸点也低。登山运动员如果用普通锅来煮鸡蛋，那非饿肚子不可。因为高山气压低，不到100℃水就开了，鸡蛋当然不容易煮熟。例如，在海拔2 000米的高山上，水在93℃就沸腾了。

沸 腾

所以在高山上就要请压力锅来帮忙。把水和鸡蛋密闭在压力锅里，压力锅加热时，锅内气压超过1个大气压，水的沸点就能达到100℃以上，鸡蛋很快就可以煮熟。

蒸发和沸腾都是液体的汽化现象，但是有区别：一是汽化的范围不同，蒸发是在液体表面发生的汽化现象；沸腾是在液体表面和内部同时发生的汽化现象。二是蒸发在任何温度下都可以发生；沸腾在一定的外界压强下，必须达到沸点才能发生。

知识点

气压

气压是作用在单位面积上的大气压力，即等于单位面积上向上延伸到大气上界的垂直空气柱的重量。著名的马德堡半球实验证明了它的存在。气压的国际制单位是帕斯卡，简称帕，符号是Pa。

延伸阅读

在第二次世界大战中，一艘英国的运输船"雷贝利号"被德国的潜水艇击沉了。救生艇救起了40个人，其中36名是中国船员。他们在海上漂流了3天才到达一个珊瑚岛上。岛上没有人，没有淡水，整个小岛是沙丘。小岛方圆约两千米，除了鸟类以外没有发现别的动物踪迹。

为了生存首先需要喝水，不弄到淡水，就会全军覆没，你替他们想想，应该怎么办？

经过大家议论，他们决定用蒸馏海水的办法，生产淡水。他们用救生艇上的几只铜皮空箱，做了两台原始的蒸馏器，一天可以生产20多千克的淡水，足够大家饮用。每天捕鱼、打海鸟、捡海龟蛋坚持了两个多月，终于被英方营救。

他们是怎样用海水制作蒸馏水的呢？办法是加热海水，把它变成蒸汽，然后让蒸汽通过一根弯在冷水槽里的管子，蒸汽就在这里冷凝变成了淡水。

然而，如果是在沙漠里缺少淡水的时候，就不能用蒸馏的办法获得饮用水了，因为那里没有海水，也没有足够的燃料。这时候，可以设法收集空气里的水：

在沙地上挖一个约50厘米深的倒三角的坑，在坑底放一个杯子。坑上面

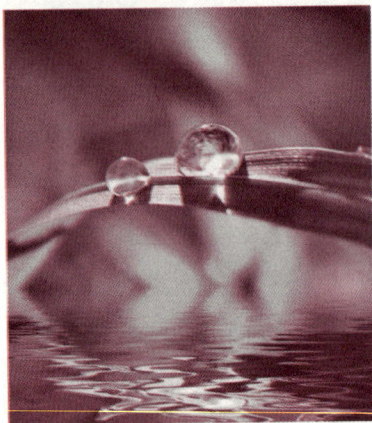

铺一块塑料薄膜，薄膜的中间杯子的上方压一块小石头。薄膜的周围用小石子压严。在阳光的照射下，薄膜下的沙子的温度迅速升高，使底下的水汽蒸发，水蒸气凝结在温度较低的塑料薄膜上。水滴逐渐增大，最后沿着斜面流到杯中，这样可以收集到少量的水。

雨滴、露珠都是空气中的水蒸气通过凝结变成的。

露　珠

能量守恒和转化定律的发现

能量守恒定律（热力学第一定律）：能量既不会凭空产生，也不会凭空消失，它只能从一种形式转化为别的形式，或者从一个物体转移到别的物体，在转化或转移的过程中其总量不变。

热力学第一定律的发现，是在当时工程技术的迫切需要下出现的。在18世纪末19世纪初，随着蒸汽机在生产中的广泛应用，人们越来越关注热和功的转化问题。在1798～1849年间热动说取代了热素说和热功当量的发现与精确定的基础上，由于研究热机原理和能量转化守恒关系的迫切需要，在理论和实践条件基本成熟后，热力学第一定律应运而生。

能量守恒和转化定律是自然界最基本的规律，深刻地反映了世界的物质性和物质运动的统一性。

揭示能量守恒定律的3位科学家：

1. 迈尔

迈尔（1814～1878），德国汉堡人，医生、物理学家，他第一个发现并表述了能量守恒定律。

他1840年开始在汉堡独立行医。他对万事总要问个为什么，而且必亲自观察，研究，实验。1840 年 2 月 22 日，他作为一名随船医生跟着一支船队来到印度尼西亚。一日，船队在加尔各答登陆，船员因水土不服都生起病来，于是迈尔依老办法给船员们放血治疗。在德国，医治这种病时只需在病人静脉血管上扎一针，就会放出一股黑红的血来，可是在这里，从静脉里流出的仍然是鲜红的血。于是，迈尔开始思考：人的血液所以是红的是因为里面含有氧，氧在人体内燃烧产生热量，维持人的体温。这里天气炎热，人要维持体温不需要燃烧那么多氧了，所以静脉里的血仍然是鲜红的。那么，人身上的热量到底是从哪来的？顶多500 克的心脏，它的运动根本无法产生如此

迈 尔

多的热，无法光靠它维持人的体温。那体温是靠全身血肉维持的了，而这又靠人吃的食物而来，不论吃肉吃菜，都一定是由植物而来，植物是靠太阳的光热而生长的。太阳的光热呢？太阳如果是一块煤，那么它能烧 4 600 年，这当然不可能，那一定是别的原因了，是我们未知的能量了。他大胆地推出，太阳中心约 2 750 万摄氏度（现在我们知道是 1 500 万摄氏度）。迈尔越想越多，最后归结到一点：能量如何转化（转移）？

他一回到汉堡就写了一篇《论无机界的力》，并用自己的方法测得热功当量为 365 千克力米/千卡。他将论文投到《物理年鉴》，却得不到发表，只好发表在一本名不见经传的医学杂志上。他到处演说："你们看，太阳挥洒着光与热，地球上的植物吸收了它们，并生出化学物质……"可是就连物理学家们也无法相信他的话，很不尊敬地称他为"疯子"，而迈尔的家人也怀疑他疯了，竟要请医生来医治他。他因不被人理解，终于跳楼自杀了。

和迈尔同时期研究能量守恒的还有一个英国人——焦耳，他自幼在道尔顿门下学习化学、数学、物理，他一边经营父亲留下的啤酒厂，一边搞科学研究。一个叫威廉·汤姆孙（1824～1907）的数学教授反驳焦耳说："胡说，热是一种物质，是热素，他与功毫无关系。"焦耳冷静地回答道："热不能做功，

那蒸汽机的活塞为什么会动？能量要是不守恒，永动机为什么总也造不成？"焦耳平淡的几句话顿时使全场鸦雀无声。台下的教授们不由得认真思考起来，有的对焦耳的仪器左看右看，有的就开始争论起来。

汤姆孙碰了钉子后，也开始思考，他自己开始做试验，找资料，没想到竟发现了迈尔几年前发表的那篇文章，其思想与焦耳的完全一致！他带上自己的试验成果和迈尔的论文去找焦耳，他抱定负荆请罪的决心，要请焦耳共同探讨这个发现。

在啤酒厂里汤姆孙见到了焦耳，看着焦耳的试验室里各种自制的仪器，他深深为焦耳的坚韧不拔而感动。汤姆孙拿出迈尔的论文，说道："焦耳先生，看来您是对的，我今天是专程来认错的。您看，我是看了这篇论文后，才感到您是对的。"焦耳看到论文，脸上顿时喜色全失："汤姆孙教授，可惜您再也不能和他讨论问题了。这样一个天才因为不被人理解，已经跳楼自杀了，虽然没摔死，但已经神经错乱了。"

汤姆孙低下头，半天无语。一会儿，他抬起头，说道："真的对不起，我这才知道我的罪过。过去，我们这些人给了您多大的压力呀。请您原谅，一个科学家在新观点面前有时也会表现得很无知的。"一切都变得光明了，两人并肩而坐，开始研究起实验来。

1853年，两人终于共同完成能量守恒和转化定律的精确表述。虽然最终完成这项成就的并不是迈尔，可这个在当时因其"超前"的理论而不被承认的伟大的物理学家，一直在用生命坚守真理。

2. 亥姆霍兹

亥姆霍兹（H. Helmholtz, 1821～1894），德国物理学家、生理学家。1847年他在德国物理学会发表了关于力的守恒讲演，在科学界赢得了很大声望，次年担任了柯尼斯堡大学生理学副教授。亥姆霍兹在这次讲演中，第一次以数学方式提出能量守恒定律。主要论点是：①一切科学都可以归结到力学。②强调了牛顿力学和拉格朗日力学在数学上是等价的，因而可以用拉氏方法以力所传递的能量或它所做的功来量度力。③所有这种能量是守恒的。亥姆霍兹发展了J·R·迈尔、J·P·焦耳等人的工作，讨论了已知的力学的、热学的、电学的、化学的各种科学成果，严谨地论证了各种运动中的能量守恒定律。这次讲演内容后来被写成专著《力之守恒》出版。在柯尼斯堡工作期间，亥姆霍兹测量了神经刺激的传播速度，发表了生理力学和生理光学方面的研究成果。在1851年他发明了眼科使用的验目镜，并提出了这一仪器的数学理论。1855年他转到波恩大学任解剖学和生理学教授，出版了《生理学手册》第一卷，并开始流体力学的涡流研究。1857年起，他担任海德堡大学生理学教授。他利用共鸣器（称亥姆霍兹共鸣器）分离并加强声音的谐音。1863年出版了他的巨著《音调的生理基础》。

1868年亥姆霍兹研究方向转向物理学，于1871年任柏林大学物理学教授。从1871年开始，亥姆霍兹的研究方向转向物理学。在电磁理论方面，他测出电磁感应的传播速度为314 000km/s，由法拉第电解

亥 姆 霍 兹

定律推导出电可能是粒子。由于他的一系列讲演，麦克斯韦的电磁理论才真正引起欧洲大陆物理学家的注意，并且导致他的学生赫兹于1887年用实验证实电磁波的存在以及取得一系列重大成果。在热力学研究方面，于1882年发表论文《化学过程的热力学》，他把化学反应中的"束缚能"和"自由能'区别开来，指出前者只能转化为热，后者却可以转化为其他形式的能量。他从克劳修斯的方程，导出了后来称作的吉布斯－亥姆霍兹方程。他还研究了流体力学中的涡流、海浪形成机理和若干气象问题。

亥姆霍兹的一生，研究领域十分广泛，除物理学外，在生理光学和声学、数学、哲学诸方面都作出了重大贡献。他测定了神经脉冲的速度，重新提出托马斯·杨的三原色视觉说，研究了音色、听觉和共鸣理论，发明了验目镜、角膜计、立体望远镜。他对黎曼创立的非欧几何学也有研究。曾荣任柏林大学校长（1877）和国家物理工程研究所所长（1888），主张基础理论与应用研究并重。亥姆霍兹不仅对医学、生理学和物理学有重大贡献，而且一直致力于哲学认识论。他确信：世界是物质的，而物质必定守恒。但他企图把一切归结为力，是机械唯物论者，这是当时文化、社会、历史条件的局限性所致。他的成

亥姆霍兹线圈

就被国际学术界所承认，1860 年被选为伦敦皇家学会会员，并获该会 1873 年度科普利奖章。1887 年，亥姆霍兹任国家科学技术局主席。

德国著名物理学家和生理学家亥姆霍兹就是从永动机不可能实现的这个事实入手研究发现能量转化和守恒原理的。他在论文中写道："鉴于前人试验的失败，人们不再询问'我如何能利用各种自然力之间已知和未知的关系来创造一种永恒的运动'，而是问道'如果永恒的运动是不可能的，在各种自然力之间应该存在着什么样的关系'？"

3. 焦耳

詹姆斯·普雷斯科特·焦耳，英国著名物理学家，18 世纪，人们对热的本质的研究走上了一条弯路，"热质说"在物理学史上统治了 100 多年。虽然曾有一些科学家对这种错误理论产生过怀疑，但人们一直没有办法解决热和功的关系的问题，是英国自学成才的物理学家詹姆斯·普雷斯科特·焦耳为最终解决这一问题指出了道路。

焦耳 1818 年 12 月 24 日生于英国曼彻斯特，他的父亲是一个酿酒厂主。焦耳自幼跟随父亲参加酿酒劳动，没有受过正规的教育。青年时期，在别人的介绍下，焦耳认识了著名的化学家道尔顿。道尔顿给予了焦耳热情的教导。焦耳向他虚心学习了数学、哲学和化学，这些知识为焦耳后来的研究奠定了理论基础。而且道尔顿教诲了焦耳理论与实践相结合的科研方法，激发了焦耳对化学和物理的兴趣。

焦耳最初的研究方向是电磁机，他想将父亲的酿酒厂中应用的蒸汽机替换成电磁机以提高工作效率。1837 年，焦耳装成了用电池驱动的电磁机，但由于支持电磁机工作的电流来自锌电池，而锌的价格昂贵，用电磁机反而不如用蒸汽机合算。焦耳的最初目的虽然没有达到，但他从实验中发现电流可以做功，这激发了他进行深入研究的兴趣。

1840 年，焦耳把环形线圈放入装水的试管内，测量不同电流强度和电阻时的水温。通过这一实验，他发现：导体在一定时间内放出的热量与导体的电阻及电流强度的平方之积成正比。4 年之后，俄国物理学家楞次公布了他的大量实验结果，从而进一步验证了焦耳关于电流热效应之结论的正确性。因此，该定律称为焦耳—楞次定律。

焦耳总结出焦耳—楞次定律以后，进一步设想电池电流产生的热与电磁机的感应电流产生的热在本质上应该是一致的。1843 年，焦耳设计了一个新实验。将一个小线圈绕在铁芯上，用电流计测量感应电流，把线圈放在装水的容器中，测量水温以计算热量。这个电路是完全封闭的，没有外界电源供电，水温的升高只是机械能转化为电能、电能又转化为热的结果，整个过程不存在热质的转移。这一实验结果完全否定了热质说。

上述实验也使焦耳想到了机械功与热的联系，经过反复的实验、测量，焦耳终于测出了热功当量，但结果并不精确。1843 年 8 月 21 日在英国学术会上，焦耳报告了他的论文《论电磁的热效应和热的机械值》，他在报告中说 1 千卡的热量相当于 460 千克力米的功。他的报告没有得到支持和强烈的反响，这时他意识到自己还需要进行更精确的实验。

1844 年，焦耳研究了空气在膨胀和压缩时的温度变化，他在这方面取得了许多成就。通过对气体分子运动速度与温度的关系的研究，焦耳计算出了气体分子的热运动速度值，从理论上奠定了波义耳—马略特和盖—吕萨克定律的基础，并解释了气体对器壁压力的实质。焦耳在研究过程中的许多实验是和著名物理学家威廉·汤姆孙（后来受封为开尔文勋爵，既 J·J·汤姆孙）共同完成的。在焦耳发表的 97 篇科学论文中有 20 篇是他们的合作成果。当自由扩散气体从高压容器进入低压容器时，大多数气体和空气的温度都要下降，这一现象就是两人共同发现的。这一现象后来被称为焦耳—汤姆孙效应。

无论是在实验方面，还是在理论上，焦耳都是从分子动力学的立场出发进行深入研究的先驱者之一。

在从事这些研究的同时，焦耳并没有间断对热功当量的测量。1847 年，焦耳做了迄今认为是设计思想最巧妙的实验：他在量热器里装了水，中间安上带有叶片的转轴，然后让下降重物带动叶片旋转，由于叶片和水的摩擦，水和量热器都变热了。根据重物下落的高度，可以算出转化的机械功；根据量热器内水的升高的温度，就可以计算水的内能的升高值。把两数进行比较就可以求出热功当量的准确值来。

焦耳还用鲸油代替水来做实验，测得了热功当量的平均值为 423.9 千克力米/千卡。接着又用水银来代替水，不断改进实验方法，直到 1878 年，这时距他开始进行这一工作将近 40 年了，他已前后用各种方法进行了 400 多次的实验。他在 1849 年用摩擦使水变热的方法所得的结果跟 1878 年的是相同的，即为 423.9 千克力米/千卡。一个重要的物理常数的测定，能保持 30 年而不作较大的更正，这在物理学史上也是极为罕见的事。这个值当时被大家公认为热功当量的值，它比现在热功当量的公认值——427 千克力米/千卡约小 0.7%。在当时的条件下，能做出这样精确的实验来，说明焦耳的实验技能是多么的高超啊！

然而，当焦耳在 1847 年的英国科学学会的会议上再次公布自己的研究成果时，他还是没有得到支持，很多科学家都怀疑他的结论，认为各种形式的能之间的转化是不可能的。直到 1850 年，其他一些科学家用不同的方法获得了能量守恒定律和能量转化定律，他们的结论和焦耳相同，这时焦耳的工作才得到承认。

1850 年，焦耳凭借他在物理学上作出的重要贡献成为英国皇家学会会员。当时他 32 岁。两年后他接受了皇家勋章。许多外国科学院也给予他很高的荣誉。虽然焦耳不断进行着他的实验测量工作，遗憾的是，他的科学创造性，特别是在物理概念方面的创造性，过早地就减少了。1875 年，英国科学协会委托他更精确地测量热功当量。他得到的结果是 4.15，非常接近目前采用的值 1 卡 = 4.184 焦耳。1875 年，焦耳的经济状况大不如前。这位曾经富有过但却没有一定职位的人发现自己在经济上处于困境，幸而他的朋友帮他弄到一笔每年 200 英镑的养老金，使他得以维持中等但舒适的生活。55 岁时，他的健康状况恶化，研究工作减慢了。1878 年当他 60 岁时，焦耳发表了他的最后一篇论文。1878 年，焦耳退休。

焦耳活到了 71 岁。1889 年 10 月 11 日，焦耳在索福特逝世。后人为了纪念焦耳，把功和能的单位定为焦耳。

在去世前两年，焦耳对他的弟弟说："我一生只做了两三件事，没有什么值得炫耀的。"相信对于大多数物理学家，他们只要能够做到这些"小事"中的一件也就会很满意了。焦耳的谦虚是非常真诚的。很可能，如果他知道了在威斯敏斯特教堂为他建造了纪念碑，并以他的名字命名能量单位，他将会感到惊奇的，虽然后人决不会感到惊奇。

永动机的闹剧

热力学第一定律是人类长期实践的经验总结，18世纪资本主义发展时代，人们在生产斗争中幻想制造一种机器，能不断地自动做功，而不需任何动力或燃料或他种供给品。后来人们把这种假想的机器称作第一类永动机。"永动机"，是一种不需要任何能量，自己就能够做功干活，并且永远运动的机器。在这个幻想指导下，曾经有许多人提出了多种多样的所谓永动机的设计。

自从中世纪有人设计出第一架永动机以来，各种各样的迷人的永动机方案，像重力永动机、弹簧永动机、浮力永动机、毛细管永动机等纷纷出现，不下千万个，但是一个个都成了不动机，原因很简单，因为它们都违背了能量守恒和转化定律。

"魔轮"，这是最早的永动机，第一个"魔轮"出现在700多年以前的中世纪。在一个轮子的边缘上，装了一些可以活动的短杆，每根杆的末端装了一个铁球。发明家说，无论轮子处在什么位置，右边的铁球总比左边的铁球距离轮轴远一些，根据杠杆原理右边的铁球总要向下压轮子，使它沿着顺时针的方向永远旋转不息。"魔轮"制造出来了，转动了没有呢？没有！问题就在轮子右边的铁球距离轮轴虽然总比较远，但是它们的总数却总比左边的少，结果左右两边旋转轮子的作用刚好相等，互相平衡。

到了17世纪中叶，一个叫伍斯特的人改进了设计，制造了一个庞大的"魔轮"。轮子的直径大约5米，里面分成40格，每格放一个大约重25千克的铁球。伍斯特说，由于分格板形状的特殊设计，轮子右边的铁球总比左边的离轮轴远，所以在它们的重力作用下，轮子应按顺时针方向不停地转动。其实这个"魔轮"还是转动不了的。

磁力—重力永动机，这是17世纪的英国人维尔金斯把磁力和重力作用结合起来设计而成的，立柱上放一个强磁体，斜面和圆弧面倚靠在立柱旁。斜面下端放一个小铁球，上端开有可以通过铁球的圆孔。发明家想：在磁力的吸引

73

下，铁球沿着斜面向上滚，当滚到上端开孔的地方，由于重力作用就掉下来，并且沿着圆弧面加速向下滚，经过弯曲的地方回到斜面下端，然后又被磁体吸上去，这样循环下去，铁球不就永动了吗？但是，这同样是个荒谬的设计，首先，如果磁体的磁性特别强，可以把斜面下端的铁球吸上来，那么当吸引到圆孔的时候，距离近了，吸力应该更大，铁球为什么不被吸引到磁体上去呢？其次，就算铁球从圆孔掉了下来，它将受到重力和磁力的共同作用，这两个力的方向是相反的，磁力又非常大，所以铁球根本不可能沿斜面做加速运动；就算已经运动到了下端，也决不可能绕过弯曲的地方滚到斜面上。叫人惊讶的是，1878 年，经过改良的这个设计，竟然在德国取得了专利权！这在人们寻找永动机的漫长历史上还是唯一的一次。

发电机—电动机联合永动机，曾经吸引过不少人。有人设计了永动自行车，在前轮上安装一部发电机，利用它发出的电能来转动安装在后轮上的电动机，再让电动机带动后轮转动。这样，只要先转一下自行车前轮，就是先提供一点能量，让它带动发电机，转化成电能，自行车就成了名副其实的永动自行车了，不过这种一本万利的"自行"，好景不长，一旦开始的时候提供的能量消耗完，自行也就自行停车了。

无论是无中生有的永动机，还是一本万利的永动机，都是没有的，不但过去没有，现在没有，而且将来也永远不会有。如果有人硬要说有，那只能是冒牌货，像科学史上多次出现过的欺世盗名的骗局！

古往今来，曾经醉心于追求永动机的人成千上万，但是无一成功。同永远找不到不吃草的好马一样，不需要能量而永远运动并且能够做功的永动机，也是不可能制造出来的。愚人进入了永动机的迷宫，以为走进了科学的殿堂，碰壁也不回头，一条道走到黑，最后只落得一无所获。聪明人误入迷宫，一些失败，就能吸取教训，迷途知返，从而真正跨进科学的大厦，作出卓越的贡献，焦耳就是这样的典范。能量守恒定律的建立，宣判了永动机的死刑。它好像是一块路标，插在寻找永动机的十字路口，警告科学上的迷路人：此路不通！焦耳还用现身说法，向那些仍迷恋永动机的人发出忠告："不要永动机，要科学！"

知识点

> **热功当量**
>
> 热量以卡为单位时与功的单位之间的数量关系，相当于单位热量的功的数量，叫做热功当量。英国物理学焦耳首先用实验确定了这种关系，将这种关系表示为1卡（热化学卡）=4.1840焦耳，即1千卡热量同427千克力米的功相当，即热功当量 $J = 427$ 千克力米/千卡 $= 4.1840$ 焦耳/卡。

延伸阅读

　　热功当量的意义。在没有认识热的本质以前，人们对热量、功、能量的关系并不清楚，所以把它们用不同的单位来表示。热量的单位用卡路里，简称卡。18世纪末，人们认识了热与运动有关。这为后来焦耳研究热与功的关系开辟了道路。焦耳认为热量和功应当有一定的当量关系，即热量的单位卡和功的单位焦耳间有一定的数量关系。他从1840年开始，到1878年近40年的时间内，利用电热量热法和机械量热法进行了大量的实验，最终找出了热和功之间的当量关系。如果用 W 表示电功或机械功，用 Q 表示这一切所对应的热量，则功和热量之间的关系可写成 $W = JQ$，J 即为热功当量。在1843年，焦耳用电热法测得的 J 值大约为4.568焦/卡；用机械方法测得的 J 值大约为4.165焦/卡。以后焦耳又分别在1845年、1847年、1850年公布了他进一步测定的结果，最后在1878年公布的结果为 $J = 4.157$ 焦/卡。以后随着科学仪器的进一步发展，其他科学家又做了大量的验证。目前公认的热功当量值为：在物理学中 $J = 4.1868$ 焦/卡（其中的"卡"叫国际蒸汽表卡）；在化学中 $J = 4.1840$ 焦/卡（其中的"卡"叫热化学卡）。

　　现在国际单位已统一规定功、热量、能量的单位都用焦耳，热功当量就不

PUSHUOMILI DE REDONGLIXUE

存在了。但是，热功当量的实验及其具体数据在物理学发展史上所起的作用是永远存在的。焦耳的实验为能量转化与守恒定律奠定了基础。

热力学第二、第三定律

　　在热力学第一定律之后，人们开始考虑热能转化为功的效率问题。这时，又有人设计这样一种机械——它可以从一个热源无限地取热从而做功。这被称为第二类永动机。1824 年，法国陆军工程师卡诺设想了一个既不向外做功又没有摩擦的理想热机。通过对热和功在这个热机内两个温度不同的热源之间的简单循环（即卡诺循环）的研究，得出结论：热机必须在两个热源之间工作，热机的效率只取决于热源的温差，热机效率即使在理想状态下也不可能达到100%。即热量不能完全转化为功。

　　1850 年，克劳修斯在卡诺的基础上统一了能量守恒和转化定律与卡诺原理，指出：一个自动运作的机器，不可能把热从低温物体移到高温物体而不发生任何变化，这就是热力学第二定律。不久，开尔文又提出：不可能从单一热源取热，使之完全变为有用功而不产生其他影响；或不可能用无生命的机器把物质的任何部分冷至比周围最低温度还低，从而获得机械功。这就是热力学第二定律的"开尔文表述"。奥斯特瓦尔德则表述为：第二类永动机不可能制造成功。

克劳修斯

　　在提出第二定律的同时，克劳修斯还提出了熵的概念 $S = Q/T$，并将热力学第二定律表述为：在孤立系统中，实际发生的过程总是使整个系统的熵增加。但在这之后，克劳修斯错误地把孤立体系中的熵增定律扩展到了整个宇宙中，认为在整个宇宙中热量不断地从高温转向低温，直至一个时刻不再有温差，宇宙总熵值达到极大。这时将不再会有任何力量能够使热量发生转移，此即"热寂论"。

为了批驳"热寂论"，麦克斯韦设想了一个无影无形的精灵（麦克斯韦妖），它处在一个盒子中的一道闸门边，它允许速度快的微粒通过闸门到达盒子的一边，而允许速度慢的微粒通过闸门到达盒子的另一边。这样，一段时间后，盒子两边产生温差。麦克斯韦妖其实就是耗散结构的一个雏形。

1877 年，玻耳兹曼发现了宏观的熵与体系的热力学几率的关系，1906 年，能斯特提出"能斯特热原理"，普朗克在能斯特研究的基础上，利用统计理论指出，各种物质的完美晶体，在绝对零度时，熵为零，这就是热力学第三定律。

热力学三定律统称为热力学基本定律，从此，热力学的基础基本得以完备。

知识点

卡诺循环

是由法国工程师尼古拉·莱昂纳尔·萨迪·卡诺于 1824 年提出的，以分析热机的工作过程，卡诺循环包括 4 个步骤：等温膨胀，绝热膨胀，等温压缩，绝热压缩。即理想气体从状态 1（p_1，V_1，T_1）等温膨胀到状态 2（p_2，V_2，T_2），再从状态 2 绝热膨胀到状态 3（p_3，V_3，T_3），此后，从状态 3 等温压缩到状态 4（p_4，V_4，T_4），最后从状态 4 绝热压缩回到状态 1。这种由两个等温过程和两个绝热过程所构成的循环称为卡诺循环。

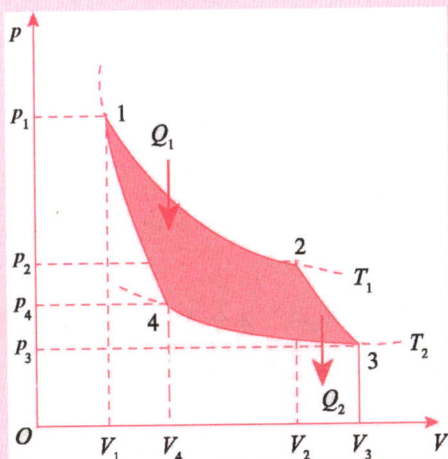

卡诺循环

延伸阅读

　　克劳修斯，德国物理学家，热力学奠基人之一。1822 年 1 月 2 日生于普鲁士的克斯林（今波兰科沙林），1888 年 8 月 24 日卒于波恩。1840 年入柏林大学，1847 年获哈雷大学哲学博士学位。1850 年因发表论文《论热的动力以及由此导出的关于热本身的诸定律》而闻名。1855 年任苏黎世工业大学教授，1867 年任德国维尔茨堡大学教授，1869 年起任波恩大学教授。

　　在 1850 年那篇论文中，克劳修斯肯定了 J·P·焦耳由实验确立的热与功的相当性（热功当量）而完全否定了热质说；他分清了热能与内能这两概念的关系和区别并明确内能 U 属物质的一种状态函数而功 A 与热量 Q 则否，因此就对理想气体而言写出了热力学第一定律的表达式 $dQ = dU + pdV = dU + dA$。他进而又断定了 S·卡诺的卡诺定理结论的正确性及其推理中的失误，他认为这两者间的矛盾只有立足于"热不能自发地从低温物体向高温物体转移"的基本观点才能解决，这个观点就是首先由他提出的热力学第二定律的克氏表述。在 1854 年《热力学第二定律的另一形式》的论文中，他又进一步证明了在可逆过程中 $dQ/T = 0$，从中得出了他定名为熵 S 的重要状态参量。他用熵把热力学第二定律归结为熵定理（即孤立系统的熵永不减小）。当然，他推断的"宇宙总能不变而熵趋于一最大值"的"热寂论"是可疑甚至是全错的，但仍不失用物理来探讨宇宙问题的一个历史性的尝试。他还从热力学理论推导出原由 B·P·E·克拉珀龙由热质说首先得到的现称的克拉珀龙—克劳修斯方程。

　　克劳修斯在气体分子运动论上的贡献是提出了严整的均位力积法来处理气体的状态方程，尤其是引进气体分子的自由程的概念来研究气体分子间的碰撞、其所属量（能量、动量和质量）的迁移及分子的几何尺寸与数密度等。这些都为研究气体的输运过程开辟了道路。

宇宙热寂说与"黑洞理论"的探讨

1842 年确立了能量守恒与转换定律，人们认识到热不是流体，不存在"热质"或者"热素"等东西，热是组成物体的大量的粒子无规则运动的宏观表现，热只是能量的一种形式，热和功可以相互转化。

这就向人们提出一个问题，能量守恒与转换定律和卡诺定理之间是否存在矛盾：能量守恒与转换指出，能量既不会创生，也不会消灭，只能从一种形式转化为另一种形式。也就是说，功可以转变成热，热也可以转变成功，这不违背能量守恒定律。卡诺定理却向人们表明：热不能全部转变成为功，当热量从高温热源流向低温热源时，传给低温热源的热量用来做功，热不能自动地全部转变成功。由此可见，虽然自然界中违背能量守恒与转换定律的过程不可能发生，但是满足能量守恒与转换定律的过程却并不一定都能实现。

克劳修斯在考察了大量的能量转化现象后，将能量转化分为两类：一类是在没有外界干预、无需任何补偿的情况下，能够自行发生的转变，例如摩擦生热、气体真空膨胀、热从高温热源到低温热源的传递等，克劳修斯将这种类型的转变称为正转变；另一类是必须在外界干预或补偿的条件下才能实现的转变，这些过程不能自动发生，例如热变为功、气体压缩、热从低温向高温的传递等，克劳修斯称之为负转变。要使负转变发生，必须伴随着正转变一同

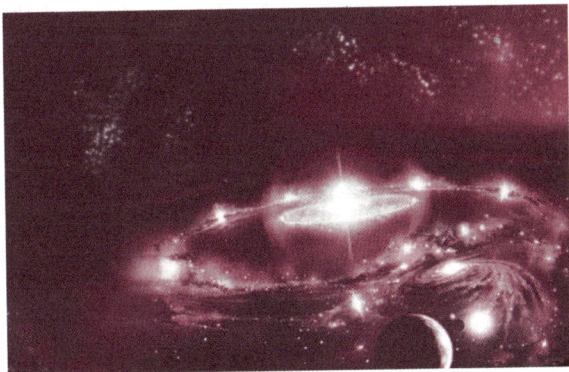

宇　　宙

发生。

克劳修斯还发现，负转变就是正转变的逆过程，正转变可以自发进行，而负转变不能自发进行，即正转变是一种不可逆的变化。

克劳修斯为了研究正、负转变的数量、度量不可逆性，花了15年的时间进行研究。19世纪中叶，由于引入了"热功当量"，使热力学第一定律（即包括热现象在内的能量守恒定律）有了数学解析表达式。这给克劳修斯一个有益的启示，应该寻找一个"转变含量"或者"变换容度"，把不同形式的转变相互比较，从而使热力学第二定律定量化。

克劳修斯从热变换理论着手，在计算变换的"等价量"中提出了熵，熵的变化规律表征了不可逆过程的共同特征。1857年发表《论热运动的类型》的文章，以十分明晰和信服的推理，建立了理想气体分子模型和压强公式，引入了平均自由程的概念。汤姆孙在1852年发表的论文——《论自然界中机械能散失的一般趋势》中，从他所提出的原理导出结论：在自然界中占统治地位的趋向是能量转变为热而使温度趋于平衡，最终导致所有物体的工作能力减小到零，达到"热寂"状态。

1865年，克劳修斯又同样写道："如果在宇宙发生的全部状态变化中，一个确定方向的变化在量上总是超过相反方向的变化，那么宇宙的全部状态必定愈来愈多地按第一种方向变化，因而宇宙必然逐渐趋于一个终态。"在这篇论文的结尾，他利用能和熵这两个概念，非常精练地把热的动力理论的两条基本原理表述为："宇宙的能量恒定不变""宇宙的熵趋于一个极大值"。1867年，在《关于热的动力理论的第二原理》的演讲中，他又进一步提出："我们应当导出这样的结论，即在所有一切自然现象中，熵的总值永远只能增加，不能减少。因此，对于任何时间、任何地点所进行的变化过程，我们得到如下所表示的简单规律：宇宙的熵力图达到某一个最大的值。"他继续说道，"宇宙越接近于其熵的最大值的极限状态，它继续发生变化的可能就越小；当它最后完全到达这个状态时，也就不再出现进一步的变化了，于是宇宙就将永远处于一种惰性的死寂状态。"在克劳修斯看来，宇宙现在处于不平衡状态，而任何不平衡状态总是要在有限时间内达到平衡状态的。

随着熵的无限增加，一切其他的运动形式（机械的、光的、电磁的、化学的、生命的）都将最终转化为热运动，热量又不断从高温处向低温处放散，最终达到处处温度均衡，于是宇宙便进入一切运动过程都终止的"热寂"状态。

克劳修斯这一论断是否正确呢？在科学界引起了许多争论。格林、兰金、台特、普列斯顿等人曾举出了一些看来是与克劳修斯原理相矛盾的例子。但是克劳修斯等证明了这些反对意见的错误性，并进一步断言不可能找到与第二定律相矛盾的过程。尽管如此，一些物理学家还是认为，把在与宇宙的发展相比是极短暂的时间内，以地球上的实验为根据建立的原理，推广到整个宇宙，这是不足凭信的。他们还指出，第二定律的绝对适用性意味着从实质上消灭了第一定律，因为不能转化的能量就不是能量。

另一种意见认为热力学第二定律本身就蕴含着运动要逐渐消灭的思想，因为承认自然过程的不可逆性，必然要否认过程向相反方向的转化，这就会导致运动消灭的结论。因此，要批判"宇宙热寂论"，必须首先否定热力学第二定律，否定自然过程的不可逆性。这种看法是缺乏充分科学根据的，因而是不正确的。"宇宙热寂论"并不是热力学第二定律的必然结论，而是对热力学第二定律的反科学的推论。事实上，热力学第二定律和其他已发现的许多自然科学规律一样，也有其特定条件，因而是有局限性的，只是在一定领域里才适用。

热力学的进一步发展表明，熵增加原理也可以推广到初态和终态不处于完全平衡态的情况，但是必须不远离平衡态，而宇宙则是一个远离平衡态的无限系统。

另外，一个孤立系，必然满足绝热的条件，所以也可以说：孤立系中熵不能减少。但是，孤立系是全脱离了外界环境的系统，而世界上的事物都是互相联系着的，根本没有绝对的孤立系统。热力学的孤立系，只是一种抽象，在实际上只能在一小的空间范围和短的时间内近似地得到体现。这时系统所受到的外界的影响还是存在的，只是小得可以忽略或总的影响近似地被消除而已。比如，在不长的时间内，一只暖水瓶里的系统就可以看做是一个孤立系，但它并不是一个真正的孤立系。很显然，这种作为抽象概念的孤立系同整个宇宙是本质上根本不同的东西，不能把由此得出的适用于局部范围现象的结论应用于整个宇宙。

所以，热力学第二定律所揭示的熵增加过程，只是无限多样的运动过程的一个局部表现，只是在一定条件下、有限范围内和热运动有关的宏观物质运动的一个特殊规律；它既不适用于微观世界，也不能外推到宇宙范围。"宇宙热寂论"正是形而上学地把热力学第二定律当作宇宙的普遍规律而走向了谬误。

按照辩证唯物主义的基本原理，宇宙中导致物质和能量逸散的过程必然与导致物质和能量集中的过程不可分割地联系着。在一定条件下熵要增加，能量要发散，而在另一些条件下熵则减小，能量则集结。

近几十年来，人们通过天文观测了解到：各种天体无不处在聚集和分散、塌缩和爆发、生成和死亡的不断转化之中；年老的星体渐渐冷下去，年轻的星体正在热起来，宇宙空间丝毫没有走向热平衡的趋势。这些事实表明，在宇宙中，热并不是单一地由高温物体向低温物体发散而使宇宙体系走向热寂状态，而是到处发生着热不断放散和热重新集结的转化过程。

近些年来，天体物理学中发展起来的"黑洞"理论认为，质量大体相当于3个太阳质量的那些恒星，在其晚年将会由于强大的引力作用而自动地收缩下去，这种无限引力塌缩的结果将形成"黑洞"。它的强大引力会把一切掉进去的物质和辐射吞下去，即使有巨大速度的光线也只能进不能出；于是它就形成了一个封闭的视界，不再有任何光或物质的信息从它的表面上发送出来，外界观察者将不可能获得有关视界内的任何信息，所以它是黑的，"黑洞"的名称就是这样来的。按照这个理论，大质量的天体系统在其晚期演化中总免不了要成为黑洞的。近年来关于中微子也具有质量的发现，使我们所观测到的这部分宇宙的平均物质密度大大增加了，因而其引力作用也比人们原来估计的要大得多。因此，虽然我们观测范围大约在150亿光年以上的宇宙体系目前正在膨胀，但终归有一个时候要在其内部引力的作用下转变为收缩的。这种收缩一旦开始，就势必向无限塌缩进行下去。从这个意义上说，我们也是处在一个黑洞之中。

当然，这还只是个粗略的揣摩。随着自然科学的进展，对于放射到太空中的热，如何重新集结和活动起来的问题，必定会获得解决的。那时，包括热力学在内的整个科学理论，也将获得重大的进展。

▶▶ 知识点 ▶▶▶▶

黑 洞

　　黑洞（Black hole）是根据现代的广义相对论所预言的，在宇宙空间中存在的一种质量相当大的天体。黑洞是由质量足够大的恒星在核聚变反应的燃料耗尽而死亡后，发生引力坍缩而形成的。黑洞质量是如此之大，它产生的引力场是如此之强，以至于任何物质和辐射都无法逃逸，就连光也逃逸不出来。由于

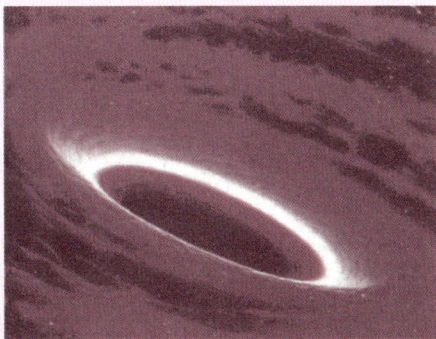

黑 洞

类似热力学上完全不反射光线的黑体，故名为黑洞。在黑洞的周围，是一个无法侦测的事件视界，标志着无法返回的临界点。

　　黑洞是一个空间—时间区域，它的最外围是光所能从黑洞向外到达的最远距离，这个边界称为"事件视界"。它如同一个单向的膜，只允许物质穿过视界并落到黑洞里去，但没有任何物质能够从里面出来。

　　"黑洞"很容易让人望文生义地想象成一个"大黑窟窿"，其实不然。所谓"黑洞"，就是这样一种天体：它的引力场是如此之强，就连光也不能逃脱出来。说它"黑"，是指它就像宇宙中的无底洞，任何物质一旦掉进去，"似乎"就再不能逃出。实际上黑洞才是真正"隐形"的。

延伸阅读

　　黑洞研究简史。历史上，第一个意识到一个致密天体密度可以大到连光都

无法逃逸的人是英国地理学家 John Michell。他在 1783 年写给亨利·卡文迪许的一封信中提出了这个想法，他认为一个和太阳同等质量的天体，如果半径只有 3 千米，那么这个天体是不可见的，因为光无法逃离天体表面。1796 年，法国物理学家拉普拉斯曾预言："一个质量如 250 个太阳，而直径如地球的发光恒星，由于其引力的作用，将不允许任何光线离开它。由于这个原因，宇宙中最大的发光天体，却不会被我们看见。"

现代物理学中的黑洞理论建立在广义相对论的基础上。由于黑洞中的光无法逃逸，所以我们无法直接观测到黑洞。然而，可以通过测量它对周围天体的作用和影响来间接观测或推测到它的存在。比如说，恒星在被吸入黑洞时会在黑洞周围形成吸积气盘，盘中气体剧烈摩擦，强烈发热，而发出 X 射线。借由对这类 X 射线的观测，可以间接发现黑洞并对之进行研究。迄今为止，黑洞的存在已被天文学界和物理学界的绝大多数研究者所认同。

黑洞只有 3 个物理量可以被测量到：质量、电荷、角动量。也就是说：对于一个黑洞，一旦这 3 个物理量确定下来了，这个黑洞的特性也就唯一地确定了，这称为黑洞的无毛定理，或称作黑洞的唯一性定理。

黑洞是由大于太阳质量的 3.2 倍的天体发生引力坍塌后形成的（小于 1.4 个太阳质量的恒星，会变成白矮星）。天文学的观测表明，在很多星系的中心，包括银河系，都存在超过太阳质量上亿倍的超大质量黑洞。

热学简史

REXUE JIANSHI

人类对热现象的认识首先源于对火的认识，古代西方认为火、土、水、气是构成万物的四个主要元素。中国古代认为金、木、水、火、土五行是构成世界的最基本的元素。可见无论是中国还是西方都将火作为构成万物的基础之一。这是人类最早对热的认知。

18世纪中叶以后，系统的计温学和量热学的建立，使热现象的研究走上实验科学的道路。从"热素说"到"热质说"，一直到热力学三定律，热学作为一门科学越来越成熟。而奠定热学作为一门学科存在的基石就是热学三定律，他是热力学的基本理论。

正是在对热学的不断探索，才使我们的世界有了巨大的改观。比如蒸汽机的出现及现在内燃机的广泛应用，即如此。

热本性说

人类对热现象的认识首先源于对火的认识。古代西方：火、土、水、气是构成万物的四个主要元素。中国古代：金、木、水、火、土五行学说。可见不论是中国还是西方，对火的认识在古代史上是同时存在的。

实际古代物理学主要成就是古代原子论，人们用古代原子论解释一切现象，其特点是猜测性的思辨。热是物质内部分子运动的表现这一基本思想逐步确立，但由于缺乏精确的实验根据，尚未形成科学的理论。

在漫长的中世纪，热学几乎毫无进展。直到 17 世纪以后，一些著名科学家根据摩擦生热的现象，恢复了古人关于热是物质粒子的特殊运动的猜测，比如，英国的培根就曾说过，热是一种运动。法国的笛卡儿更把热看成是物质粒子的一种旋转运动。当时，牛顿、胡克、罗蒙诺索夫等人都相信和支持热是运动的观点。但是由于没有充分可靠的实验依据，这种正确的观点还没有形成系统的理论，更没有赢得学术界的普遍承认。

牛顿

对热的本性的认识，在历史上有"热质说"与"热的运动说"之争，其间经历了 200 余年。直到 19 世纪中叶热力学第一定律确立，热的运动说才获得决定性的胜利。热是组成物体的粒子的运动这一学说，使得热和机械功的等效性在概念上是可以理解的，并为机械功和热的相互转化提供了一个解释的基础，也为气体动理论奠定了基础。

17 世纪初，英国哲学家培根（Bacon，1561～1626）从摩擦生热等现象中得出"热是一种膨胀的、被约束的而在其斗争中作用于物体的较小粒子之上的运动"，这种看法影响了许多科学家。英国物理学

培根

家波义耳看到铁钉被捶击后会生热，想到铁钉内部产生了强烈的运动，所以认为热是"物体各部分发生的强烈而杂乱的运动"。胡克用显微镜观察了火花，认为热"并不是什么其他的东西，而是一个物体的各个部分的非常活跃的和极其猛烈的运动"。牛顿也指出物体的粒子"因运动而发热"。洛克（Locke，1632～1704）甚至还认识到"极度的冷是不可觉察的粒子的运动的停止"。

俄国学者罗蒙诺索夫在18世纪40年代提出了两篇关于物理学的论文，第一篇是关于热力学基础的，题为"试论空气的弹力"（1748）。在这两篇论文中，罗蒙诺索夫提出了如下的见解："热的充分根源在于运动"，即热是物质的运动，运动着的是物体内部那些为肉眼所看不见的细小微粒。他认为热量从高温物体传给低温物体的原因是由于高温物体中的微粒把运动传给低温物体中的微粒造成的，它自身便会变冷。这些分析肯定了运动守恒在热现象中的正确性，表明了气体分子的运动呈现一种"混乱交错"的状态，是杂乱无规则的。但总的说来，当时热是运动的观点尚缺乏足够的实验根据，所以还不能形成为科学理论。

随着古希腊原子论思想的复兴，热是某种特殊的物质实体的观点也得以流传。法国科学家和哲学家伽桑狄认为，运动着的原子是构成万物的最原始的、不可再分的世界要素，同样，热和冷也都是由特殊的"热原子"和"冷原子"引起的。它们非常细致，有球的形状，又非常活泼，因而能渗透到一切物体之中。这个观念把人们引向"热质说。"

热质说的倡导者们称热是由无重量的某种特殊物质组成的。荷兰物理学家波尔哈夫（Boerhaave，1668～1738）认为，热的本质是钻在物体细孔中的，具有高度可塑性和贯穿性的物质粒子。它们没有重量，彼此间有排斥性，而且弥漫于宇宙。1789年，化学家拉瓦锡还将"热质"和"光"列入无机界23种"元素"之中。

热质说的主要倡导者，英国化学家布莱克（Black，1728～1799）主张把热和温度两个概念区分开来。他引进了"热容"的概念，得出了量热学的基本公式 $\Delta Q = cm\Delta T$。其中 c 称为比热容，表示单位质量物质温度升高1K所吸收的热量。他在研究冰和水的混合时发现，在冰的熔解中需要一些温度计觉察不出的热量，进而发现各种物质在发生物态变化时都存在这种效应，他由此引进了"潜热"的概念。布莱克在他的化学原理讲义中写道："大量的热或热物质进入熔冰以后，除了给它以流动性之外，并没有产生其他效应，也没有增加它的温度；这种热好像被熔冰吸收或潜伏在冰水之中，因此，用温度计去量也无法予以发现。"他指出使冰熔解的过程是潜热发生的过程，使水凝固的过程是潜热移出的过程。

在热质说观点指引下，热学研究取得了一定的进展。在18世纪前半叶人们开始明白一个有意义的事实：在对混合物所做的实验中，亦既把温度不同的诸物体放到一起，热既不会被创生也不会被消灭。这就是说，不管热在混合物或保持密切接触的各种不同物体中间如何重新分布，热的总量保持不变。

这样一个热量守恒定律非常自然地使人联想到物质守恒的概念，有力地使热质说的观点占了上风。事实上热质说对热传导现象给出了一个简单的可信的图像，即剩余的热质要从较热的物体不断地流向较冷的物体，直到达到平衡状态为止。而用那种把热视为粒子运动方式的观点来说明这一观察的结果确实很困难。

除此之外，热质说还简易地解释了当时发现的大部分热学现象，比如物体温度的变化是吸收或放出热质引起的，对流是载有热质的物体的流动，辐射是热质传播，物体受热膨胀是因为热质粒子间的相互排斥，等等。热质说的成功，自18世纪80年代起几乎使整个欧洲都相信了热质说的正确性，从而压倒了热的运动说。

但是，热质说对热学的发展又起着严重的阻碍作用。既然把热看成一种物质，而不是物质的一种运动形态，那就不可能有各种物质运动形态的转化。在热质论者看来，摩擦所以生热，只是由于摩擦把"潜热"挤压出来，使潜热变成显热，使摩擦后物体的比热容比摩擦前小，所以温度升高，而热质的量并没有增加。因此，在热质说占统治地位的18世纪，人们就不可能正确理解由蒸汽机的发明所揭示的热和机械运动之间的关系。

到了18世纪末，热质说受到了严重的挑战。随着实验材料的增多，越来越表明热质说不能说明物体因摩擦力做功而生热的现象。1798年英国物理学家本杰明·汤姆孙（B·Thompson，1753—1814）即伦福德伯爵，向英国皇家学会提出了一个报告"论摩擦激起的热源"，说他在慕尼黑兵工厂监督大炮膛孔工作时，注意到炮筒温度升高，钻削下的金属温度更高的理解，他提出了大量的热是从哪里来的这个问题。他敏锐地感觉到彻底研究这一课题，对热的本质可望获得进一步认识，从而对于热质存在与否这个自古以来哲学家们众说不一的问题做出合理的推测。

接着，他写道："热是否来自钻腔机所切开的金属片？如果情形确是这样的话，那么根据现代的潜热和热质学说，则金属片的热容不仅应该变化，而且此变化还应该大到足以成为产生所有热的源泉。"但是，他通过在绝热条件下所做的一系列钻孔实验，比较了钻孔前后金属和碎屑的比热容，发现钻削不会改变金属的比热容。他还用很钝的钻头钻炮筒，半小时后炮筒升高 $70\,°F$，金属碎屑只有 54g，相当于炮筒质量的 1/948，这一小部分的碎屑能够放出这么大的"潜热"吗？于是，他做出结论："这些实验所产生的热，不是来自金属的潜热或综合热质。"他在论文的末尾写道："看来在这些实验中，由摩擦产生热的源泉是不可穷尽的。不待说，任何与外界隔绝的物体或物体系，能够无限制提供出来的东西，决不可能是具体的物质实体；在我看来，在这些实验中被激出来的热，除了把它看做是（运动）以外，似乎很难把它看做为其他任何东西。"

1799 年，英国化学家戴维（Davy，1778～1829）在"论热、光和光的复合"的论文里描述了这样的实验：在一个同周围环境隔离开来的真空容器里，利用钟表机件使里面的 $29\,°F$ 的两块冰互相摩擦而熔解为水。他在论文中写道："如果热是一种物质的话，它一定是从这几种方式之一产生的：或者是由于冰的热容减少，或者是两物体的氧化，或者是从周围的物体吸引了热质。"可是明显的事实是，水的热容比冰的热容大得多，而冰一定要加上一定量的热才能变成水，所以摩擦并没有减少冰的热容，而冰一定要加上一定量的热才能变成水，所以

戴　维

PUSHUOMILI DE REDONGLIXUE

摩擦并没有减少冰的热容。"也不是由于物体氧化引起的，因为冰根本不能吸引氧气。"最后，他得出结论："既然这些实验表明，这几种方式不能产生热质，那么，热就不能当作物质。所以，热质是不存在的。"他明确指出热是物体微粒的运动。他说："物体既因摩擦而膨胀，则很明显，它们的微粒一定会运动或相互分离。既然物体微粒的运动或振动是摩擦和撞击必然产生的结果，那么，我们就可以做出合理的结论：热是物体微粒的运动或振动。"

伦福德和戴维的实验与论证是令人信服的，可以说为以后热质说的最终崩溃和热的运动说的确立提供了最早的论据。但他们的实验在当时没有被人们所重视，大多数学者并没有因此而放弃热质说。

通过长期反复较量，在实践中经受了考验的热的运动说终于赢得了胜利。

热的运动说指出，热量是物质运动的一种表现。它的本质就是物质内部大量实物粒子——分子、原子、电子等的杂乱无规则运动。这种热运动越剧烈，由这些粒子组成的物体就越热，它的温度也越高。物质的运动总是和能量联系在一起的。实物粒子的热运动所具有的能量，叫做热能。热运动越剧烈，它所具有的热能也越大。所以，温度其实就是无数粒子的热运动平均能量的量度。

▸▸ 知识点 ▸▸▸▸

粒　子

以自由状态存在的最小物质组分。最早发现的粒子是电子和质子，1932年又发现中子，确认原子由电子、质子和中子组成，它们比起原子来是更为基本的物质组分，于是称之为基本粒子。以后这类粒子被发现得越来越多，累计已超过几百种，且还有不断增多的趋势；此外这些粒子中有些粒子迄今的实验尚未发现其有内部结构，有些粒子实验显示具有明显的内部结构。看来这些粒子并不属于同一层次，因此基本粒子一词已成为历史，统称之为粒子。

延伸阅读

培　根

　　培根于 1561 年 1 月 22 日出生于伦敦一个官宦世家。父亲尼古拉·培根是伊丽莎白女王的掌玺大臣，曾在剑桥大学攻读法律，他思想倾向进步，信奉英国国教，反对教皇干涉英国内部事务。母亲安尼是一位颇有名气的才女，她娴熟地掌握希腊文和拉丁文，是加尔文教派的信徒。

　　良好的家庭教育使培根成熟较早，各方面都表现出异乎寻常的才智。12 岁时，培根被送入剑桥大学三一学院深造。在校学习期间，他对传统的观念和信仰产生了怀疑，开始独自思考社会和人生的真谛。

　　在剑桥大学学习 3 年后，培根作为英国驻法大使埃米阿斯·鲍莱爵士的随员来到了法国，在旅居巴黎两年半的时间里，他几乎走遍了整个法国，接触到不少的新鲜事物，汲取了许多新的思想，这对他的世界观的形成起到了很大的作用。1579 年，培根的父亲突然病逝，他要为培根准备日后赡养之资的计划破灭，培根的生活开始陷入贫困。在回国奔父丧之后，培根住进了葛莱法学院，一面攻读法律，一面四处谋求职位。1582 年，他终于取得了律师资格，1584 年当选为国会议员，1589 年，成为法院出缺后的书记，然而这一职位竟长达 20 年之久没有出现空缺。他四处奔波，却始没有得到任何职位。此时，培根在思想上更为成熟了，他决心要把脱离实际、脱离自然的一切知识加以改革，把经验观察、事实依据、实践效果引入认识论。这一伟大抱负是他的科学的"伟大复兴"的主要目标，是他为之奋斗一生的志向。

　　1602 年，伊丽莎白去世，詹姆士一世继位。由于培根曾力主苏格兰与英格兰的合并，受到詹姆士的大力赞赏。培根因此平步青云，扶摇直上。1602 年受封为爵士，1604 年被任命为詹姆士的顾问，1607 年被任命为副检察长，1613 年被委任为首席检察官，1616 年被任命为枢密院顾问，1617 年被提升为掌玺大臣，1618 年被晋升为英格兰的大陆官，授封为维鲁兰男爵，1621 年又授封为奥尔本斯子爵。但培根的才能和志趣不在国务活动上，而是在于对科学真理的探求上。这一时期，他在学术研究上取得了巨大的成果，并出版了多部著作。

1621 年，培根被国会指控贪污受贿，被高级法庭判处罚金 4 万英镑，监禁于伦敦塔内，终生逐出宫廷，不得任议员和官职。虽然后来罚金和监禁皆被豁免，但培根却因此而身败名裂。从此培根不理政事，开始专心从事理论著述。

1626 年 3 月底，培根坐车经过伦敦北郊。当时他正在潜心研究冷热理论及其实际应用问题。当路过一片雪地时，他突然想做一次实验，他宰了一只鸡，把雪填进鸡肚，以便观察冷冻在防腐上的作用。但由于他身体羸弱，经受不住风寒的侵袭，支气管炎复发，病情恶化，于 1626 年 4 月 9 日清晨病逝。

弗兰西斯·培根（Francis Bacon，1561—1626）是英国著名的思想家、唯物主义哲学家和科学家。他在文艺复兴时期的巨人中被尊称为哲学史和科学史上划时代的人物。马克思称他是英国唯物主义和整个现代实验科学的真正始祖。第一个提出"知识就是力量"的人。

近代热学

18 世纪中叶以后，系统的计温学和量热学的建立，使热现象的研究走上实验科学的道路，由于各种物理现象的相互联系尚未被揭示出来，"热质"这一特殊的"物质"被臆想出来，在以"将错就错"的形式发挥一定作用后最终退出历史舞台。

1644 年笛卡儿在《哲学原理》中就提出了运动不变的思想，但没有给出具体反映这种不变性本质的物理概念。随着人们对自然界认识的不断加深和拓广，逐步发现不同的物理现象之间存在着内在的联系。德国科学家迈耶从哲学角度首先确定了这

笛卡儿

种永恒性，他坚信"无不生有，有不变无"，通过对马拉车运动过程进行了细致地分析，指明轮子摩擦散热和马做功一定有确定的比例；后来英国科学家焦耳通过大量精确和严格的实验，测量出热功当量为 4. 18J/cal，确立了建立能量转化与守恒定律的实验基础；德国科学家亥姆霍兹最终建立了能量守恒定律的数学表达。他推出了 $mgh = 1/2mv^2$，并建议用 $1/2mv^2$ 代替 mv 表示机械运动的强弱，用来度量能量的改变。能量转化与守恒定律的建立过程说明了正确的哲学思想、严格的实验和严密的数学推理是自然科学认知过程的 3 个基本要素。

1850 年前后，物理学界普遍认识到了热现象和分子运动的联系，但微观结构和分子运动的物理图像仍是模糊或未知的。凭借着对分子运动的假设和运用统计方法，克劳修斯正确地导出了气体实验公式。另外，麦克斯韦和玻耳兹曼在研究分子分布规律和平衡态方面也做出了卓有成效的工作。后来吉布斯把玻耳兹曼和麦克斯韦所创立的统计方法推广而发展成为系统的理论，将平衡态和涨落现象统一起来并结合分子动理论一起构成统计物理学。

1850 年，克劳修斯在总结了这类现象后指出：不可能把热从低温物体传到高温物体而不引起其他变化，这就是热力学第二定律的克氏表述。几乎同时，开尔文以不同的方式表述了热力学第二定律的内容。用熵的概念来表述热力学第二定律就是：在封闭系统中，热现象宏观过程总是向着熵增加的方向进行，当熵到达最大值时，系统到达平衡态。第二定律的数学表述是对过程方向性的简明表述。

1912 年能斯特提出一个关于低温现象的定律：用任何方法都不能使系统到达绝对零度。此定律称为热力学第三定律。

热力学的这些基本定律是以大量实验事实为根据建立起来的，在此基础上，又引进了 3 个基本状态函数：温度、内能、熵，共同构成了一个完整的热力学理论体系。此后，为了在各种不同条件下讨论系统状态的热力学特性，又引进了一些辅助的状态函数，如焓、亥姆霍兹函数（自由能）、吉布斯函数等。这会带来运算上的方便，并增加对热力学状态某些特性的了解。

从热力学的基本定律出发，应用这些状态函数，利用数学推演得到系统平衡态各种特性的相互联系，是热力学方法的基本内容。

知识点

熵

　　熵的概念是由德国物理学家克劳修斯于 1865 年提出的。化学及热力学中所指的熵，是一种测量在动力学方面不能做功的能量总数。熵亦被用于计算一个系统中的失序现象。熵是一个描述系统状态的函数，但是经常用熵的参考值和变化量进行分析比较。

　　物理学上指热能除以温度所得的商，标志热量转化为功的程度。

　　科学技术上泛指某些物质系统状态的一种量度，某些物质系统状态可能出现的程度。亦被社会科学用以借喻人类社会某些状态的程度。

　　在信息论中，熵表示的是不确定性的量度。

　　科学技术上泛指某些物质系统状态的一种量度，某些物质系统状态可能出现的程度。亦被社会科学用以借喻人类社会某些状态的程度。

　　在信息论中，熵表示的是不确定性的量度。

延伸阅读

　　笛卡儿（1596～1650），著名的法国哲学家、科学家和数学家。西方近代哲学的奠基人之一，解析几何的创始人。1596 年 3 月 31 日生于法国安德尔·卢瓦尔省的图赖讷（现笛卡尔，因笛卡儿得名），1650 年 2 月 11 日逝于瑞典斯德哥尔摩。他对现代数学的发展作出了重要的贡献，因将几何坐标体系公式化而被认为是解析几何之父。他还是西方现代哲学思想的奠基人，是近代唯物论的开拓者，提出了"普遍怀疑"的主张。他的哲学思想深深影响了之后的几代欧洲人，开拓了所谓"欧陆理性主义"哲学。

中国古代热学发展史

　　我国古代的热学知识大部分是生活和生产经验的总结。至今所知的古籍中对热的研究记载较少，还有待于进一步发掘。

　　火的利用和控制，是人类第一次支配了自然力，使人类文明大大前进了一步，同时，它也是古人对热现象认识的开端。我国山西省芮城西侯度旧石器的遗址，说明大约180万年前人类已经开始使用火。

　　对冷热的认识。约在公元前2000年，我国已有气温反常的记载，在西周初期，人们开始掌握降温术和高温术。据《周礼》记载，当时已设专人司贮冰事，冬季凿冰加以贮藏，到春、夏季用以冷藏食物和保存尸体。说明当时已利用天然冰来降温。我国冶炼业的发展较早，高温技术也很早被人们掌握。江苏省曾出土春秋晚期的一块铁，经科学分析，它是一块生铁，生铁的冶炼温度比熟铁高，需达摄氏千度以上。生铁的出土，说明在那时的高温技术已达到了一定的水平。

　　温度计还没有被发明以前，古人在冶炼金属的实践中，创造了通过观察火候和火色来判别温度高低的方法。据《考工记》记载，在铸铜与锡时，随温度的升高，火焰的颜色先后变为暗红色、橙色、黄色、白色、青色，然后才可以浇铸。这种方法同样也应用于制陶工业。从现代科学分析，不同物质有不同的汽化点，因此从火焰的颜色可以判断

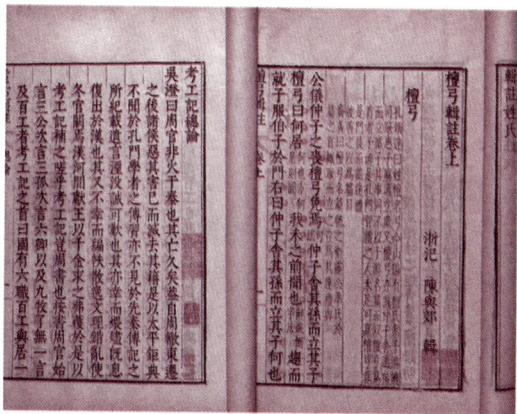

《考工记》

所汽化的物质，从而判断温度的高低。对同一种物质，随着温度的升高，其颜色也先后有所变化。"火候"（包括火色）成了我国古代热工艺中一个内容丰富的特有概念。

除制陶和冶炼金属之外，我国古代还在农业中采用了控温技术。据《汉书·召信臣传》记载，西汉末年，我国已利用冬季栽培蔬菜，其方法是"覆以屋庑，昼夜蕴火，待温气乃生"。北魏时期，还利用熏烟的方法防止霜冻。

对冷热问题，东汉王充还曾从理论上加以探讨，在他的著作《论衡·寒温篇》中写道："夫近水则寒，近火则温，远之渐微，何则？气之所加，远近有差也。"他把"气"作为物体之间进行"温""寒"传递的物质承担者，还指出距离变远，"气"的作用渐小。这里已涉及热传递的理论问题，但它只是思辨性的，是我国"元气说"的一种应用。

对热是什么这一问题，我国古代也已注意到，南北朝成书的《关尹子》中认为："外物"的来去是使瓦石一类物体发生寒热温凉之变的原因。而另一种说法见于据传可能为北齐刘昼著的

王 充

《刘子·崇学篇》，则从"五行"观念出发，猜想物体寒、热、温、凉的变化是一种"内物"在起作用。这种所谓的"外物"或"内物"都是把热设想为一种实体物质，它类似于18世纪"燃素"和"热素"的观念。

热胀冷缩是重要的热现象之一，在我国古代对它已有所研究和利用。汉代《淮南万毕术》记述了这样一个现象：把盛水铜瓮加热，直到水沸腾时密闭其口，急沉入井中，铜瓮发出雷鸣般响声。这现象可能是发热物体在急速冷却时发生了内破裂，破裂声由井内传出，这是一个典型的热胀冷缩现象。元代陶宗仪曾亲自做热胀冷缩实验，他把带孔的物体加热以后，使另一个物体进入孔洞，从而这两个物体如"辘轳旋转，无分毫缝罅"，他明确指出，这是前一物体"煮之胖胀"的缘故。据《华阳国志》记载，李冰父子修建都江堰时，发现用火烧巨石，然后浇水其上，就容易凿开山石。这种利用岩石热胀冷缩不均从而易于崩裂的施工经验，在我国历代水利工程中不断为人们所

采用。

我国古代，在生产和生活实践中，创制了利用热的各种器具。如宋代曾发明一种"省油灯"，在"灯盏一端作小窍，注清冷水于其中"，据说这种灯能"省油几半"。现在分析，文中所说加入冷水，目的是降低温度，避免油被灯火加热后急速蒸发，其中包含了对油的汽化和温度的关系的认识；据《淮南子》记载："取鸡子，去其法，然（燃）艾火纳空卵中，疾风因举之飞"。这是关于"热气球"的最早设想，也是空气受热上升的具体应用。五代时期，据说还利用这一原理制成信号灯，所谓"孔明灯"也是应用了这一道理。关于走马灯我国古代有较多记载，有的古籍把它称作"马骑灯""影灯"。宋代《武林旧事》在记述各种元宵彩灯时写道："若沙戏影灯、马骑人物、旋转如飞……"这表明当时已利用了冷热空气的对流制造出了各种各样的走马灯。

走 马 灯

在我国古代，很早就出现了对热动力的认识和利用。唐代出现了烟火玩物，"烟火起轮，走绒流星"。宋代制成了用火药喷射推进的火箭、火球、火蒺藜。明代制成了"火龙出水"的火箭，这些都是利用燃烧时向后喷射产生反作用力使火箭前进的道理，属热动力的应用。它是近代火箭的始祖，被世界所公认。

知识点

《考工记》

《考工记》是中国先秦时期手工艺专著。

《考工记》作者不详。据传西汉时《周官》（即《周礼》）缺《冬官》篇而以此补入，得以流传至今。全文约7 000多字，记述了木工、金工、皮革工、染色工、玉工、陶工等6大类、30个工种，其中6种已失传，后又衍生出1种，实存25个工种的内容。书中分别介绍了车舆、宫室、兵器以及礼乐之器等的制作工艺和检验方法，涉及数学、力学、声学、冶金学、建筑学等方面的知识和经验总结。清代学者戴震著有《考工记图》、程瑶田著有《考工创物小记》等有关研究著作。

书中保留有先秦大量的手工业生产技术、工艺美术资料，记载了一系列的生产管理和营建制度，一定程度上反映了当时的思想观念。该书在中国科技史、工艺美术史和文化史上都占有重要地位。

关于《考工记》的作者和成书年代，长期以来学术界有不同看法。目前多数学者认为，《考工记》是齐国官书（齐国政府编制的指导、监督和考核官府手工业、工匠劳动制度的书），作者为齐稷下学宫的学者；该书主体内容编纂于春秋末至战国初，部分内容补于战国中晚期。

今天所见《考工记》，是作为《周礼》的一部分。《周礼》原名《周官》，由"天官"、"地官"、"春官"、"夏官"、"秋官"、"冬官"六篇组成。西汉时，"冬官"篇佚缺，河间献王刘德便取《考工记》补入。刘歆校书编排时改《周官》为《周礼》，故《考工记》又称《周礼·考工记》（或《周礼·冬官考工记》）。

《考工记》篇幅并不长，但科技信息含量却相当大，内容涉及先秦时代的制车、兵器、礼器、钟磬、练染、建筑、水利等手工业技术，还涉及天文、生物、数学、物理、化学等自然科学知识。正因为此，历代有关《考工记》的注释和研究层出不穷，其中成绩卓著的学者，早期有汉代的郑玄，中期有唐代的贾公彦，晚期有清代的戴震、程瑶田、孙诒让等。

进入20世纪，随着西方科学技术的传入，科学考古的开展，对《考工记》的研究进入了一个新阶段。研究者利用科学的手段和思维方法，利用考古实物和模拟实验资料，对《考工记》所涉及的古代技术、科学知识以及社会科学中的问题进行专题研究，发表了许多论文，在整体上把《考工记》研究提升到一个新水平。

延伸阅读

王充（27～约97），字任壬，会稽上虞人，他的祖先从魏郡元城迁徙到元称。《论衡》是王充的代表作品，也是中国历史上一部不朽的无神论著作。

王充是东汉时期杰出的思想家。整个东汉200年间，称得上思想家的，仅有3位：王充、王符、仲长统。王符（85～162），字节信，著有《潜夫论》，对东汉前期各种社会病端进行了抨击，其议论恺切明理，温柔敦厚；仲长统（180～220），字公理，著有《昌言》，对东汉后期的社会百病进行了剖析，其见解危言峻发，振聋发聩。王充则著《论衡》一书，对当时社会的许多学术问题，特别是社会的颓风陋俗进行了针砭，许多观点鞭辟入里，石破天惊。范晔《后汉书》将三人立为合传，后世学者更誉之为汉世三杰。三家中，王充的年辈最长，著作最早，在许多观点上，王充对后两家的影响是十分明显的，王充是三家中最杰出，也是最有影响的思想家。

蒸汽机的革命

16、17世纪以来，随着工场手工业的发展，煤逐渐代替了木材而成为主要燃料，从而推动了煤矿的开采。为了解决矿井的排水问题，各个矿山都要养许多马，用马轮番拖动排水泵。在17世纪初，英国一些矿山养马达500匹以

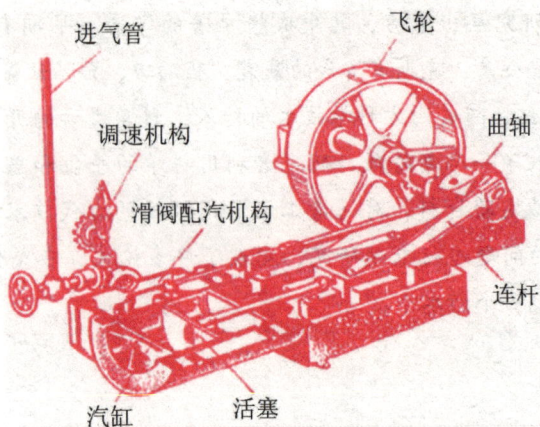

进气管 飞轮 调速机构 曲轴 滑阀配汽机构 连杆 汽缸 活塞

蒸 汽 机

上，这是既麻烦又费钱的，于是就刺激人们提出利用蒸汽动力的要求。

实际上，古代早就知道了热和蒸汽能产生动力，在我国古代和古希腊都曾经出现过把热能转化为机械能的小型装置。公元前，亚历山大里亚的赫隆就是把蒸汽作为动力制成他的"小涡轮"的。旋转空心球上装有对称的两个弯管喷口，进入球中的蒸汽由方向相反的两个喷口射出，球就绕轴旋转。当时人们只是用这种装置来作游戏要乐；教堂则利用它来哄骗信徒——把火放在祭坛上时教堂的门就"自动"打开，使礼拜者感到惊愕。到了 16 世纪以后，人们才从生产需要出发先后设计和研制蒸汽动力装置。

1696 年，英国矿山技师托马斯·萨弗里提出一种被称为"矿工之友"的蒸汽水泵。它是由蒸汽锅炉、汽缸、冷水箱、抽水管和排水管组成的。抽水时是依靠汽缸内蒸汽冷凝的真空吸力，排水时靠锅炉内蒸汽的压力。这个机器的所有阀门都是由人力来控制操作的。它的热损失大，运行可靠性很低，工作起来速度很慢；同时由于需要高压蒸汽，锅炉和管道常常漏气，还容易发生爆炸。整套装置只有安装在深井内才能工作，一旦发生故障，极易被井水淹没。因此，这种机器没有被广泛采用，不过它的出现已经是了不起的技术发明。

在这之前，曾作过惠更斯的助手的法国人丹尼斯·巴本，受到惠更斯研究的"火药机械"的启发，产生了用蒸汽代替火药作为动力的想法，于 1690 年制成了一具有汽缸和活塞的实验性蒸汽机。水在汽缸内直接被加热变成蒸汽，推动活塞上升；在活塞到达顶点时，再向汽缸内喷水，蒸汽凝结而降低压强，活塞就下降。

巴本的研究报告使英国的托巴斯·纽可门受到很大启发，在英国皇家学会的鼓励下，纽可门研究了萨弗里和巴本设计的简单的蒸汽机，1705 年发明了自己的大气压力式蒸汽机，并于 1712 年应用于矿井排水和农田灌溉。纽可门的蒸汽机结构是封闭的圆筒式汽缸里的活塞，系于摇杆的一头，摇杆的另一头连接着排水泵。蒸汽借助水泵连杆的重量推动汽缸内活塞上升，切断蒸汽后，向汽缸内喷入冷水，蒸汽冷凝，活塞下降，于是摇杆带动水泵抽水，由于它可以通过摇杆将蒸汽动力传给其他工作机，并不只限于抽水，所以它是一个广义上的把热转变为机械力的原动机，是蒸汽机发展史上的一次重大突破。但是，这种机器仍然有耗煤量大、动作慢、效率低、较笨重等缺点，而且只能做往复直线运动，限制了它的应用。

蒸汽机的革命是由詹姆斯·瓦特（James Watt，1736～1819）完成的。瓦特自幼就在他父亲的熏陶下培养了器械制造的才能，20 岁时到伦敦学会了制造船舶器械的工艺。1760 年，他在格拉斯哥大学开设一间修理店，修理各种仪器。他在修理纽可门机的过程中熟悉了它的结构并了解了它的缺点。瓦特把纽可门机的耗煤情况告诉了格拉斯哥大学教授布莱克，布莱克则用他发现的量热学原理解释了纽可门机耗煤量过大的道理。他指出，纽可门机有相当大的热量和时间的浪费，原因是冷凝系统和汽缸合为一体，活塞在完成每一次冲程时，汽缸都必须冷却一次；在进入下一个冲程时，又要通入蒸汽重新加热汽缸和活塞，所以大量的热量（因而燃料）白白地被浪费了。在布莱克的启发下，瓦特开始去寻找一个克服这个缺陷的办法。

瓦特在汽缸外面单独装上一个冷却废汽的冷凝器，从而使汽缸始终保持在高温状态。1769 年，瓦特终于制成了单向作用的新蒸汽机，它比功率相同的纽可门机省煤 3/4 左右，这当然是十分明显的优点。瓦特的这一成就，是自觉地应用当时的热学理论指导实践的结果，显示了科学理论的作用。

瓦特没有在这个成绩面前止步，他看到由于蒸汽只从一面推动活塞，仍然造成了燃料和时间的浪费。能不能让蒸汽从两面交替地推动活塞呢？这个想法在 1782 年实现了。这种双向作用的蒸汽机的汽缸在活塞的两侧是密闭的，活塞上下的空间利用阀门轮流与蒸汽输入管道以及排气管道接通，使活塞以更大

的动力做往复运动。后来瓦特利用一种特殊形式的齿轮传动机构，把活塞的直线运动转变为旋转运动，使这种动力机有了广泛的用途。瓦特还在机器上装上飞轮和离心式调节器，使蒸汽机在发生颤动和负载变化时仍能保持稳定转动。第一批双向作用的蒸汽机的功率为 20～50 马力，燃料消耗只及同样功率的纽可门机的 1/7。这立即吸引了顾主的兴趣，很快就在英国的纺织、采矿、冶金和交通等方面得到广泛应用，而且被输出到欧美其他国家。

瓦　特

19 世纪中期，蒸汽机得到了进一步的改进，高压蒸汽机也被制造出来了，其功率达到 3 万马力以上。这时，无数烟囱的黑烟，宣告了蒸汽时代的来临！蒸汽技术的成就，为热转化为机械运动作出了令人信服的证明，从古代发现的摩擦生热开始，到蒸汽机的出现，热与机械运动的转化完成了一个循环。因此，蒸汽机的发明和应用，为能量守恒原理的确立提供了一个重要的前提。

知识点

水　泵

是输送液体或使液体增压的机械。它将原动机的机械能或其他外部能量传送给液体，使液体能量增加，主要用来输送液体包括水、油、酸碱液、乳化液、悬浮液和液态金属等，也可输送液体、气体混合物以及含悬浮固体物的液体。衡量水泵性能的技术参数有流量、吸程、扬程、轴功率、水功率、效率等；根据不同的工作原理可分为容积水泵、叶片泵等类型。容积泵是利用其工作室容积的变化来传递能量；叶片泵是利用回转叶片与水的相互作用来传递能量，有离心泵、轴流泵和混流泵等类型。

延伸阅读

冲　程

发动机的活塞从一个极限位置到另一个极限位置的距离称为一个冲程。也称之为行程。

冲程的长度对引擎的活塞速度有直接的关系，冲程变大后活塞速度也会随之增加，机械损耗也就越大，这将直接限制了引擎的最高转速。

活塞运动均速公式为：冲程×2×转速。一般引擎的活塞均速不会超过20m/s，无论引擎排气量大小或者运作转速范围。活塞速度越快对于引擎寿命也越不利。

增加引擎的行程被认为是改造引擎时提升排气量的一种好方法，但活塞速度应一并被考量。

热与能转化的机器——内燃机

内燃机是一种动力机械，它是通过使燃料在机器内部燃烧，并将其放出的热能直接转换为动力的热力发动机。广义上的内燃机不仅包括往复活塞式内燃机、旋转活塞式发动机和自由活塞式发动机，也包括旋转叶轮式的燃气轮机、喷气式发动机等，但通常所说的内燃机是指活塞式内燃机。

活塞式内燃机以往复活塞式最为普遍。活塞式内燃机将燃料和空气混合，在其汽缸内燃烧，释放出的热能使汽缸内产生高温高压的燃气。燃气膨胀推动活塞做功，再通过曲柄连杆机构或其他机构将机械功输出，驱动从动机械

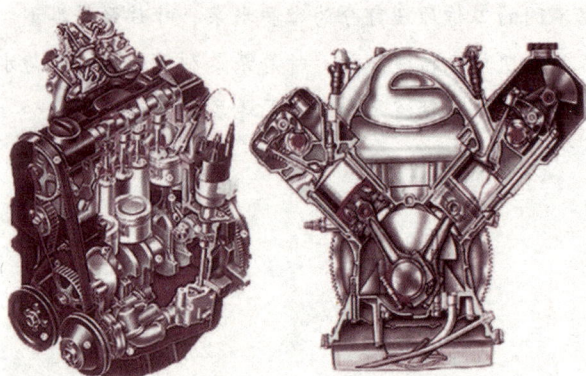

内燃机

工作。

常见的有柴油机和汽油机，将内能转化为机械能，是通过做功改变内能的。

内燃机简史

19 世纪中期，科学家完善了通过燃烧煤气、汽油和柴油等产生的热转化为机械动力的理论。这为内燃机的发明奠定了基础。活塞式内燃机自 19 世纪 60 年代问世以来，经过不断改进和发展，已是比较完善的机械。它热效率高、功率和转速范围宽、配套方便、机动性好，所以获得了广泛的应用。全世界各种类型的汽车、拖拉机、农业机械、工程机械、小型移动电站和战车等都以内燃机为动力。海上商船、内河船舶和常规舰艇，以及某些小型飞机也都由内燃机来推进。世界上内燃机的保有量在动力机械中居首位，它在人类活动中占有非常重要的地位。

活塞式内燃机起源于用火药爆炸获取动力，但因火药燃烧难以控制而未获成功。1794 年，英国人斯特里特提出从燃料的燃烧中获取动力，并且第一次提出了燃料与空气混合的概念。1833 年，英国人赖特提出了直接利用燃烧压力推动活塞做功的设计。

之后人们又提出过各种各样的内燃机方案，但在 19 世纪中叶以前均未付诸实用。直到 1860 年，法国的勒努瓦模仿蒸汽机的结构，设计制造出第一台实用的煤气机。这是一种无压缩、电点火、使用照明煤气的内燃机。勒努瓦首先在内燃机中采用了弹力活塞环。这台煤气机的热效率为4%左右。

英国的巴尼特曾提倡将可燃混合气在点火之前进行压缩，随后又有人著文论述对可燃混合气进行压缩的重要作用，并且指出压缩可以大大提高勒努瓦内燃机的效率。1862年，法国科学家罗沙对内燃机热力过程进行理论分析之后，提出提高内燃机效率的要求，这就是最早的四冲程工作循环。

1876年，德国发明家奥托运用罗沙的原理，创制成功第一台往复活塞式、单缸、卧式、3.2千瓦（4.4马力）的四冲程内燃机，仍以煤气为燃料，采用火焰点火，转速为156.7转/分，压缩比为2.66，热效率达到14%，运转平稳。在当时，无论是功率还是热效率，它都是最高的。

活塞式内燃机

奥托内燃机获得推广，性能也在提高。1880年单机功率达到11～15千瓦（15～20马力），到1893年又提高到150千瓦。由于压缩比的提高，热效率也随之增高，1886年热效率为15.5%，1897年已高达20%～26%。1881年，英国工程师克拉克研制成功第一台二冲程的煤气机，并在巴黎博览会上展出。

随着石油的开发，比煤气易于运输携带的汽油和柴油引起了人们的注意，首先获得试用的是易于挥发的汽油。1883年，德国的戴姆勒创制成功第一台

奥　托

立式汽油机，它的特点是轻型和高速。当时其他内燃机的转速不超过 200 转/分，它却一跃而达到 800 转/分，特别适应交通运输机械的要求。1885～1886 年，汽油机作为汽车动力运行成功，大大推动了汽车的发展。同时，汽车的发展又促进了汽油机的改进和提高。不久汽油机又用作了小船的动力。

1892 年，德国工程师鲁道夫·狄塞尔（Rudolf Diesel，1858～1913）受面粉厂粉尘爆炸的启发，设想将吸入汽缸的空气高度压缩，使其温度超过燃料的自燃温度，再用高压空气将燃料吹入汽缸，使之着火燃烧。他首创的压缩点火式内燃机（柴油机）于 1897 年研制成功，为内燃机的发展开拓了新途径。

狄塞尔开始力图使内燃机实现卡诺循环，以求获得最高的热效率，但实际上做到的是近似的等压燃烧，其热效率达 26%。压缩点火式内燃机的问世，引起了世界机械业的极大兴趣，压缩点火式内燃机也以发明者而被命名为狄塞尔引擎。

这种内燃机以后大多用柴油为燃料，故又称为柴油机。1898 年，柴油机首先用于固定式发电机组，1903 年用作商船动力，1904 年装于舰艇，1913 年第一台以柴油机为动力的内燃机车制成，1920 年左右开始用于汽车和农业机械。

柴 油 机

早在往复活塞式内燃机诞生以前，人们就曾致力于创造旋转活塞式的内燃机，但均未获成功。直到 1954 年，在联邦德国工程师汪克尔解决了密封问题后，才于 1957 年研制出旋转活塞式发动机，被称为汪克尔发动机。它具有近似三角形的旋转活塞，在特定型面的汽缸内做旋转运动，按奥托循环工作。这种发动机功率高、体积小、振动小、运转平稳、结构简单、维修方便，但由于它燃料经济性较差、低速扭矩低、排气性能不理想，所以还只是在个别型号的轿车上得到采用。

内燃机的组成

活塞式内燃机的组成部分主要有曲柄连杆机构、机体和汽缸盖、配气机构、供油系统、润滑系统、冷却系统、起动装置等。

汽缸是一个圆筒形金属机件。密封的汽缸是实现工作循环、产生动力的源地。各个装有汽缸套的汽缸安装在机体里，它的顶端用汽缸盖封闭着。活塞可在汽缸套内往复运动，并从汽缸下部封闭汽缸，从而形成容积作规律变化的密封空间。燃料在此空间内燃烧，产生的燃气动力推动活塞运动。活塞的往复运动经过连杆推动曲轴做旋转运动，曲轴再从飞轮端将动力输出。由活塞组、连杆组、曲轴和飞轮组成的曲柄连杆机构是内燃机传递动力的主要部分。

活塞组由活塞、活塞环、活塞销等组成。活塞呈圆柱形，上面装有活塞环，借以在活塞往复运动时密闭汽缸。上面的几道活塞环称为气环，用来封闭汽缸，防止汽缸内的气体漏泄，下面的环称为油环，用来将汽缸壁上的多余的润滑油刮下，防止润滑油窜入汽缸。活塞销呈圆筒形，它穿入活塞上的销孔和连杆小头中，将活塞和连杆联接起来。连杆大头端分成两半，由连杆螺钉连接起来，它与曲轴的曲柄销相连。连杆工作时，连杆小头端随活塞做往复运动，连杆大头端随曲柄销绕曲轴轴线做旋转运动，连杆大小头间的杆身做复杂的摇摆运动。

曲轴的作用是将活塞的往复运动转换为旋转运动，并将膨胀行程所做的功，通过安装在曲轴后端上的飞轮传递出去。飞轮能储存能量，使活塞的其他行程能正常工作，并使曲轴旋转均匀。为了平衡惯性力和减轻内燃机的振动，在曲轴的曲柄上还适当装置平衡质量。

内燃机工作原理

汽缸盖中有进气道和排气道，内装进、排气门。新鲜充量（即空气或空气与燃料的可燃混合气）经空气滤清器、进气管、进气道和进气门充入汽缸。膨胀后的燃气经排气门、排气道和排气管，最后经排气消声器排入大气。进、排气门的开启和关闭是由凸轮轴上的进、排气凸轮，通过挺柱、推杆、摇臂和气门弹簧等传动件分别加以控制的，这一套机件称为内燃机配气机构。通常由空气滤清器、进气管、排气管和排气消声器组成进排气系统。

为了向汽缸内供入燃料，内燃机均设有供油系统。汽油机通过安装在进气管入口端的化油器将空气与汽油按一定比例（空燃比）混合，然后经进气管供入汽缸，由汽油机点火系统控制的电火花定时点燃。柴油机的燃油则通过柴油机喷油系统喷入燃烧室，在高温高压下自行着火燃烧。

内燃机汽缸内的燃料燃烧使活塞、汽缸套、汽缸盖和气门等零件受热，温度升高。为了保证内燃机正常运转，上述零件必须在许可的温度下工作，不致因过热而损坏，所以必须备有冷却系统。

内燃机不能从停车状态自行转入运转状态，必须由外力转动曲轴，使之启动。这种产生外力的装置称为启动装置。常用的有电启动、压缩空气启动、汽油机启动和人力启动等方式。

内燃机的工作循环由进气、压缩、燃烧和膨胀、排气4个冲程组成。这些冲程中只有膨胀过程是对外做功的冲程，其他冲程都是为更好地实现做功冲程而需要的冲程。按实现一个工作循环的冲程数，工作循环可分为四冲程和二冲程两类。

四冲程是指在进气、压缩、做功和排气4个冲程内完成一个工作循环，此期间曲轴旋转两圈。进气冲程时，此时进气门开启，排气门关闭。流过空气滤清器的空气，或经化油器与汽油混合形成的可燃混合气，经进气管道、进气门进入汽缸；压缩冲程时，汽缸内气体受到压缩，压力增高，温度上升；做功冲程是在压缩上止点前喷油或点火，使混合气燃烧，产生高温、高压，推动活塞下行并做功；排气冲程时，活塞推挤汽缸内废气经排气门排出。此后再由进气冲程开始，进行下一个工作循环。

二冲程是指在两个冲程内完成一个工作循环，此期间曲轴旋转一圈。首先，当活塞在下止点时，进、排气口都开启，新鲜充量由进气口充入汽缸，并扫除汽缸内的废气，使之从排气口排出；随后活塞上行，将进、排气口均关闭，汽缸内充量开始受到压缩，直至活塞接近上止点时点火或喷油，使汽缸内可燃混合气燃烧；然后汽缸内燃气膨胀，推动活塞下行做功；当活塞下行使排气口开启时，废气即由此排出活塞继续下行至下止点，即完成一个工作循环。

内燃机的排气冲程和进气冲程统称为换气冲程。换气的主要作用是尽可能把上一循环的废气排除干净，使本循环供入尽可能多的新鲜充量，以使尽可能多的燃料在汽缸内完全燃烧，从而发出更大的功率。换气冲程的好坏直接影响内燃机的性能。为此除了降低进、排气系统的流动阻力外，主要是使进、排气门在最适当的时刻开启和关闭。

实际上，进气门是在上止点前即开启，以保证活塞下行时进气门有较大的开度，这样可在进气过程开始时减小流动阻力，减少吸气所消耗的功，同时也可充入较多的新鲜充量。当活塞在进气冲程中运行到下止点时，由于气流惯性，新鲜充量仍可继续充入汽缸，故使进气门在下止点后延迟关闭。

排气门也在下止点前提前开启，即在膨胀行程后部分即开始排气，这是为了利用汽缸内较高的燃气压力，使废气自动流出汽缸，从而使活塞从下止点向上止点运动时汽缸内气体压力低些，以减少活塞将废气排挤出汽缸所消耗的功。排气门在上止点后关闭的目的是利用排气流动的惯性，使汽缸内的残余废气排除得更为干净。

内燃机性能主要包括动力性能和经济性能。动力性能是指内燃机发出的功率（扭矩），表示内燃机在能量转换中量的大小，标志动力性能的参数有扭矩和功率等。经济性能是指发出一定功率时燃料消耗的多少，表示能量转换中质的优劣，标志经济性能的参数有热效率和燃料消耗率。

内燃机未来的发展将着重于改进燃烧过程，提高机械效率，减少散热损失，降低燃料消耗率；开发和利用非石油制品燃料、扩大燃料资源；减少排气中有害成分，降低噪声和振动，减轻对环境的污染；采用高增压技术，进一步强化内燃机，提高单机功率；研制复合式发动机、绝热式涡轮复合式发动机等；采用微处理机控制内燃机，使之在最佳工况下运转；加强结构强度的研究，以提高工作可靠性和寿命。

桶底从圆孔的边到桶的内壁割条缝，插入一个矩形板；饼面从圆边到轴割条缝，也插入一块矩形板，两块矩形板可以把缸腔一分为二，成为两个密封缸腔，第一密封缸腔和第二密封缸腔。其中一个密封缸腔从桶壁的矩形板本侧开口，充入高压气体，或充入油气混合物并点燃；第二密封腔从桶壁上与前一开口相隔一个矩形板的位置开口放气。固定桶，矩形板就牵引饼和筷子转动，反过来也行。

　　第一个密封腔从最小、充气到转过一定相位（转角）就停止供气，可以用阀门或者控制油气供应量来实现。由于高压气体膨胀，装置会继续转动，第一密封缸腔内的气压会降低，直到稍微低于环境气压，这样会产生转动阻力。于是第二个矩形板需要在头部靠近边缘开一个孔，安装单向阀，向内补气。如果当初的气压适当，在第二块矩形板转到第二开口的时候，第一密封缸腔的气压正好等于或接近于环境气压，这是最经济的。

　　当两个矩形板快要相遇的时候，需要避让。于是从桶的裙部内圆刻成曲线滑槽，装上滑动块，滑动块与第二块矩形板连接；从轴穿出桶底的一侧套装一个空心圆柱体，外圆面刻曲线滑槽，装上滑动块，与第一块矩形板连接。滑槽由圆和摆线构成，控制矩形板前冲、顶住和抽回。桶底和饼都够厚，所以不会抽脱。第二块矩形板在转动方向上，和饼一块转动；在轴向上，则由桶上的滑槽控制，所以变换容积的时候仍能抵住桶的底部。同样道理，第一块矩形板总是能抵住饼的内表面。

　　这种装置在一个着力面上沿弧形轨迹，把高压气体的内能转化为动能，是一种动力机械装置。反过来，也可以在机械的带动下反向转动，制取压缩空气，或者作为一个刹车器。做一个容量小的压气装置，制取高压油气，配上点火装置，再做一个容量动力机械装置，将燃烧后大量高温高压气体的内能转化为动能，就是一台发动机。

　　它做功的轨迹是一段弧，而且可以无级地改变容量，也就意味着可以改变发动机排量。配合油门，可以改变燃烧后气压，灵活改变转速；改变排量，配合变速器，在一定范围内可以适应各种负荷，而且采取上述"最经济的"方式。如果多套矩形板对置使用，可以减轻轴的弯曲；它是连续排气的，因而噪声低；可以多套缸错相联轴，动力平稳。它可以最大限度地减少余压排放，而且在不同负载下都能采取最经济的工况，所以是实用的节能技术。

　　作为一类发动机，它不同于蒸汽机、活塞发动机和三角转子发动机，被叫做"可变容弧缸发动机。"

知识点

马 力

马力是工程技术上常用的一种计量功率的单位。一般是指米制马力而不是英制马力。

米制马力，它的规定完全是人为的，它取了一个非常接近英制马力的值。规定1米制马力是在1秒钟内完成75千克力米的功。即：1米制马力 = 75千克力米/秒 = 735瓦特。

英国、美国等一些国家采用的是英制马力。1英制马力等于550磅英尺/秒，等于745.7瓦特。在18世纪后期，英国著名发明家瓦特为了测定新制造出来的蒸汽机的功率，他把马力的定义规定为在1分钟内把1 000磅的重物升高33英尺的功，这就是英制马力，用字母HP表示。

1英制马力 = 1.013 9米制马力。米制马力没有专门的字母表示，1米制马力的值和1英制马力的值也是不同的。马力在我国法定计量单位中已被废除。

延伸阅读

随着对汽车油耗和排放的限制越来越严，柴油机对汽车生产商的吸引力也越来越大。提起柴油机，不能不讲到它的发明者鲁道夫·狄塞尔。

鲁道夫·狄塞尔1858年3月出生在法国巴黎。父母是在法国打工的德国工人。法、德交恶后，狄塞尔一家被驱逐回德国。家庭的生活也随之困难起来。但小狄塞尔学习勤奋，中学毕业时以最高分数获得了奖学金，进入慕尼黑工业大学学习。

1879年，年仅21岁的狄塞尔大学毕业。当上了一名冷藏专业工程师。在工作中狄塞尔深感当时的蒸汽机效率极低，萌发了设计新型发动机的念头。在积蓄了一些资金后，狄塞尔辞去了制冷工程师的职务，自己开办了一家发动机实验室。

针对蒸汽机效率低的弱点，狄塞尔专注于开发高效率的内燃机。当时尼古拉斯·奥托发明的点火式内燃机已较成熟，但那时奥托发动机的燃料是煤气，储存、携带均不方便，效率也受到影响。19世纪末，石油产品在欧洲极为罕见，于是狄塞尔决定选用植物油来解决机器的燃料问题（他用于实验的是花生油）。因为植物油点火性能不佳，无法套用奥托内燃机的结构。狄塞尔决定另起炉灶，提高内燃机的压缩比，利用压缩产生的高温高压点燃油料。后来，这种压燃式发动机循环便被称为狄塞尔循环。

像所有伟大的发明家一样，狄塞尔的前进道路上困难重重。实验证明，植物油燃烧不稳定，成本也太高，难以承担狄塞尔的"重任"。好在当时石油制品在欧洲逐渐普及，狄塞尔选择了本来用于取暖的重馏分燃油——柴油作为机器的燃料。压燃式发动机的结构强度始终是个难题。一次实验中，汽缸上的零件像炮弹碎片一样四处飞散，差点儿造成人员伤亡。实验不顺利，狄塞尔的资金也渐渐耗尽。他不得不回到制冷机工厂谋生。但狄塞尔没有向困难屈服，他利用业余时间继续实验，一步步完善自己的机器。

1892年，狄塞尔终于能够向全世界展示自己的成果——一台实用的柴油动力压燃式发动机。这种发动机功率大，油耗低，可使用劣质燃油，显示出辉煌的发展前景。狄塞尔随即投入到柴油机生产的商业冒险中。不幸的是，作为优秀的工程师，狄塞尔缺乏商业头脑，他在经济上渐渐陷入困境。1913年狄塞尔已处于破产的边缘。这一年夏天，狄塞尔在乘坐英吉利海峡的渡轮时，突然失踪，据认为是投海自杀。但狄塞尔发明的柴油机，在汽车、船舶和整个工业领域得到越来越广泛的发展。

传导理论的建立

大量现象表明，热可以从一处向另一处传递，这种过程称为热传递。热传递有3种明显不同的基本方式：热传导、对流和辐射。

　　人们早就从生活和生产实践中熟悉了热传递现象。在我国古代的《尚书·洪范》篇中有"火曰炎上"的说法，指出火有炎热向上的基本性质。这里所说的"向上"特性，其实就是对于大量存在的自然对流现象的一种概括。东汉的王充在《论衡·寒温》篇中写道："夫近水则寒，近火则温，远则渐微。何则？气之所加，远近有差也。"他认为热的传递是靠"气"的作用进行的，这种作用和距离成反比。实际上王充所揭示的这一现象中既包含有热传导、对流，也包含有热辐射。

　　热传导和对流现象由于比较直观，所以人们早就利用实验方法对它们进行了多方面的研究，掌握了这两种热传递过程的一些具体规律。但是，对于热辐射的了解和研究却开始得比较晚。

　　早在1673年，英国科学家波义耳就发现在真空容器中放入炽热物体时，器壁上仍然能够感到热。当然，他不了解这是热辐射的作用。"辐射热"这个术语是瑞典出生的化学家卡尔·威廉·舍勒最先提出来的。他在1777年出版的《论空气与火的化学》中，在叙述他所发现的氧（当时称"火空气"）时曾经提及热辐射现象，指出热辐射可以穿过空气，玻璃镜不反射热辐射，但金属镜却能反射热辐射。在舍勒之前，德国的天文学家和光学家兰伯在1760年出版的《光度测定法》中，根据冶金工人利用眼镜保护眼睛免遭强光灼伤的经验，曾指出玻璃能够挡住热辐射。

波 义 耳

　　法国的皮克泰特对热辐射作了进一步的实验研究。他用金属做了两个凹面镜，彼此相距25米远面对面地放置。在一个镜的焦点放一支灵敏的温度计，在另一个镜的焦点轮换地放置被加热的和未被加热的没有光泽的金属球，两镜之间放一隔板。当拿走隔板后，温度计的读数就随着所放的金属球的温度迅速升高或下降。如果将温度计的小球涂成黑色，这个效应将更明显。但如果将

凹 面 镜

温度计放在焦点之外附近处，它却指示着不变的读数。这个实验使皮克泰特确信存在着和光线相同的"热线"，辐射热就是热线的传播。皮克泰特还证明，上述实验中的凹面镜不能用玻璃镜代替，玻璃板还会阻断热线的传播。

1791年，瑞士的普雷沃斯特在皮克泰特实验的基础上建立了他的"火的平衡"理论。他认为每个物体都放出热辐射并从周围的物体吸收这种辐射；当物体的温度高于周围环境的温度时，它因辐射而失去的热就多于它从周围介质所吸收的热；相反，较冷的物体从周围介质吸收的热则多于它辐射出去的热，从而实现了热从较热物体向较冷物体的传递。在热平衡时，这种通过辐射而在物体之间进行的热交换仍在进行着，但每个物体吸收的热恰好等于它所辐射出去的热，所以物体的温度保持不变。普雷沃斯特从火同时产生热和光的事实中，得出了热辐射和光线相类似的思想，指出这种辐射按照普通光线的规律传播。

10年以后，普雷沃斯特的理论得到了英国人威廉·赫舍尔的实验证实。赫舍尔用灵敏温度计检验了太阳光谱中不同部分的加热能力，结果发现，越向光谱的红端移动，升温效应就越强，在光谱的红端之外，仍然发现了温度的升高。赫舍尔由此得出了存在着不可见射线的结论，这种射线按照光线的规律传播，并产生很强的热效应，红外线就是这样被发现的。接着李特尔和沃拉斯顿又发现了紫外区不可见的射线，即紫外线。

广泛存在的热传递现象，使人们很自然地产生了一种直觉的猜测：在冷热程度不同的物体之间，似乎总有某种"热流"从较热的物体向较冷的物体传递，从而引起物体冷热状态的变化。在蒸汽机的研制中遇到的汽化、凝结现象以及冶金、化学工业中涉及的燃烧、熔解、凝固等过程中引人注目的吸热、放热现象，也关系到"热流"的传递。对这种"热流"进行定量的测量和计算，是对热现象进行精确的实验研究所必须解决的问题。因此，从18世纪中叶开始，在热学领域内逐渐发展起了"量热学"这个新的分支。

在量热学中最早期的工作是研究具有不同温度的液体混合之后的平衡温度问题。这个问题在今天看来自然是十分简单的，但是在18世纪前半叶，它却使一些很有才华的科学家陷入惶惑和重重矛盾之中。困难的根源在于要把描述热现象的两个最基本的概念——温度和热量——明确地区别开来，这并不是很容易做到的。

知识点

光 谱

光谱是复色光经过色散系统（如棱镜、光栅）分光后，被色散开的单色光按波长（或频率）大小而依次排列的图案。光波是由原子内部运动的电子产生的。各种物质的原子内部电子的运动情况不同，所以它们发射的光波也不同。研究不同物质的发光和吸收光的情况，有重要的理论和实际意义，已成为一门专门的学科——光谱学。分子的红外吸收光谱一般是研究分子的振动光谱与转动光谱的，其中分子振动光谱一直是主要的研究课题。

延伸阅读

物体由于具有温度而辐射电磁波的现象，是热量传递的3种方式之一。一切温度高于绝对零度的物体都能产生热辐射，温度愈高，辐射出的总能量就愈大，短波成分也愈多。热辐射的光谱是连续谱，波长覆盖范围理论上可从0直至∞，一般的热辐射主要靠波长较长的可见光和红外线。由于电磁波的传播无需任何介质，所以热辐射是在真空中唯一的传热方式。

发射辐射能是各类物质的固有特性。当原子内部的电子受温和振动时，产生交替变化的电场和磁场，发出电磁波向空间传播，这就是辐射。由于自身温度或热运动的原因而激发产生的电磁波传播，就称热辐射。显然，热辐射是电磁波，电磁波的波长范围可从几万分之一微米到数千米。通常把 $\lambda = 0.1 \sim 1\,000\,\mu m$ 范围的电磁波称热射线，其中包括可见光线、部分紫外线和红外线，具有波动和量子特性。

关于热辐射，其重要规律有 4 个：基尔霍夫辐射定律，普朗克辐射分布定律，斯蒂藩—玻耳兹曼定律，维恩位移定律。这 4 个定律，有时统称为热辐射定律。

分子的热运动

两千多年以前，我国古代的学者提出了"一尺之棰，日取其半，万世不竭"的论断。"棰"是一种策马鞭上的短木棍。意思是，一尺长的短木棍，每天分割一半，就是亿万年也分割不完。它朴素地说出了物质无限可分的思想。但是，对木棍这样的具体物质进行机械分割，是不可能"万世不竭"的。

比如你"日取其半"地分割一尺长的木棍，分割到第 29 天，剩下的长度大约是五亿分之一尺，它还具有木头的性质。因为木头是由一种纤维素的单元构成的，这是一种很长的链，每个环节大约是五亿分之一尺，和第 29 天分割以后剩下的长度相当。但是经过第 30 天分割，剩下的长度只有十亿分之一尺，变成了比组成木头的纤维素单元更小的东西。在第 30 天以后，虽然物质还可以无止境地分下去，但是分出来的小粒子已经不再具有木头的性质了。可见，具体物质的分割是有限度的。

在自然科学中，把能够保留某种物质性质的最小粒子，叫做这种物质的分子。自然界里千姿百态的物质，都是由各种各样不同的分子组成的。

分子的尺寸和重量都小得惊人。一滴油滴到水面上，可以散成很大面积，油层可以薄到只有百万分之一厘米；延展性很好的金子，可以加工成厚度只有十万分之一厘米的金箔。但是这样薄的油层还有几十个油分子厚，这样薄的金箔竟有几百个金分子厚。

精确的实验告诉我们，一般物质分子的直径，大约只有亿分之几厘米。在物理学中，常把一亿分之一厘米叫做 1 埃。像水分子的直径是一亿分之四厘米，就是 4 埃。这是一个很小的数字，把 2 500 万个水分子肩并肩地排列起来，总长度才是 1 厘米。蛋白质分子的直径也只有几十埃。

常见物质里含有的分子数目庞大无比。比如 1cm³ 的水里含有 335 万亿亿个水分子，把它们分给全世界所有的人，平均每人能够分到 8 万亿个。假想有一种极小的动物喝水，每 1 秒钟喝进 100 亿个水分子，喝完 1cm³ 的水至少要用 10 万年以上的时间！

分子的质量也极其微小，1cm³ 水的质量是 1 克，含有的水分子是 335 万亿亿个，所以一个水分子的质量只有 2.99×10^{-23} 克。分子里最轻的成员是氢分子，质量小到只有 3.35×10^{-24} 克，拿一个氢分子质量和一个中等大小的苹果质量相比，大约相当于这个苹果质量和地球质量相比。

组成气体的分子都十分好动。比如你种的茉莉花，一旦开了花，全家甚至邻居都可以闻到扑鼻香气；鱼、肉腐烂了，会弄得周围臭气熏天。组成液体的分子也很好动。你在一杯清水里滴入一滴墨水，墨水就会慢慢散开，和水完全混合。这表明一种液体的分子进入到另一种液体里去了。或者说液体分子在不停地运动。固体分子，也不很安分守己。比如把表面非常光滑洁净的铅板紧紧压在金板上面，几个月以后就可以发现，铅分子跑到了金板里，金分子也跑到了铅板里，有些地方甚至进入 1 毫米深处。如放 5 年，金和铅就会连在一起，它们的分子互相进入大约 1 厘米。又如长期存放煤的墙角和地面，有相当厚的一层都变成了黑色，就是煤分子进入的结果。

证明液体、气体分子做杂乱无章运动的最著名的实验，是英国植物学家布朗发现的布朗运动。

1827 年，布朗把藤黄粉放入水中，然后取出一滴这种悬浮液放在显微镜下观察，他奇怪地发现，藤黄的小颗粒在水中像着了魔似的不停运动，而且每个颗粒的运动方向和速度大小都改变得很快，好像在跳一种乱七八糟的舞蹈。就是把藤黄粉的悬浮液密闭起来，不管白天黑夜，夏天冬天，随时都可以看到布朗运动，无论观察多长时间，这种运动也不会停止。在空气中同样可以观察到布朗运动，悬浮在空气里的微粒（如尘埃），也在跳着一种杂乱无章的舞蹈。

发生布朗运动的原因是组成液体或者气体的分子本性好动。比如在常温常

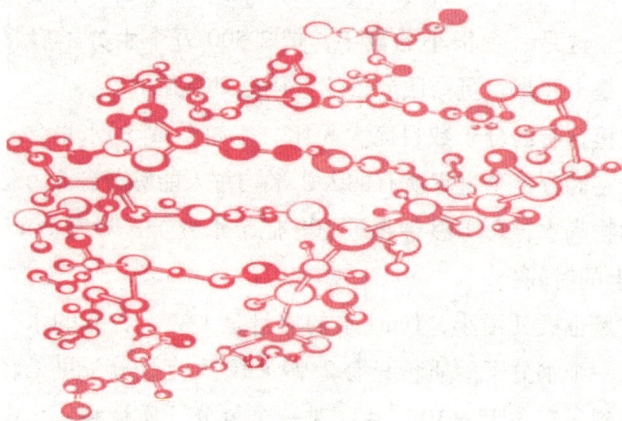

分子热运动

压下，空气分子的平均速度是 500 米/秒，在 1 秒钟里，每个分子要和其他分子相撞 500 亿次。好动又毫无规律的分子从四面八方撞击着悬浮的小颗粒，综合起来，有时这个方向大些，有时那个方向大些，结果小颗粒就被迫做起忽前忽后、时左时右的无规则运动来了。

你倒一杯热水和一杯冷水，然后向每个杯里滴进一滴红墨水，热水杯里的红墨水要比冷水杯里的扩散得快些。这说明温度高，分子运动的速度大，并且随着物体温度的增高而增大，因此分子的运动也做热运动。

知识点

悬浮液

固体颗粒分散于液体中，因布朗运动而不能很快下沉，此时固体分散相与液体的混合物称悬浮液。悬浮液中的固体颗粒的粒径为 $10^{-3} \sim 10^{-4}$ cm，大于胶体。

延伸阅读

罗伯特·布朗（Robert Brown，1773~1858）是 19 世纪英国植物学家，主要贡献是对澳洲植物的考察和发现了布朗运动。

布朗出生于苏格兰的东海岸的芒特罗兹，在爱丁堡大学学习医学，1795年成为一名军医。1800 年 12 月他接受了一名自然学家的邀请，加入了"考察者号"帆船前往澳大利亚沿海测绘，1801 年 12 月抵达澳大利亚西海岸，随后在澳洲用了 3.5 年的时间考察澳洲植物，搜集了 3 400 种标本，其中有大约 2 000 种都是以前没有人发现过的，但当这些标本被用"海豚号"船送回英国时，由于船只遇险，大部分标本丧失。

布朗没有随标本回英国，一直在澳洲待到 1805 年 5 月回国，然后用了 5年的时间研究他搜集的材料，鉴定了大约 1 200 种新品种并发表了几种鉴定结果。1810 年他出版了系统研究澳大利亚植物的著作《新荷兰的未知植物》。同年他接手德兰得掌管的"约瑟夫博物库"，1820 年德兰得去世后继承了其图书馆和植物标本库。1827 年博物库成为大英博物馆，布朗被委任为博物馆的植物标本库负责人。

1827 年在研究花粉和孢子在水中悬浮状态的微观行为时，发现花粉有不规则的运动，后来证实其他微细颗粒如灰尘也有同样的现象，虽然他并没有能从理论上解释这种现象，但后来的科学家仍用他的名字命名为布朗运动。

1828 年，布朗命名了细胞核，虽然并不是他第一个发现的，但是由他证实了细胞核的普遍存在并命名。

1837 年大英博物馆的自然历史部被划分为 3 个部，布朗成为植物学部的部长，一直到他去世，下葬在伦敦的坎萨尔·格林公墓。

现代科学界对布朗运动是否是由他第一个发现的还有争议。澳大利亚的植物有一个属和几个种的拉丁语种名是以他的名字命名的。

混合量热问题

　　广泛存在的热传递现象，使人们很自然地产生了一种直觉的猜测：在冷热程度不同的物体之间，似乎总有某种"热流"从较热的物体向较冷的物体传递，从而引起物体冷热状态的变化。在蒸汽机的研制中遇到的汽化、凝结现象以及冶金、化学工业中涉及的燃烧、熔解、凝固等过程中引人注目的吸热、放热现象，也关系到"热流"的传递。对这种"热流"进行定量的测量和计算，是对热现象进行精确的实验研究所必须解决的问题。因此，从18世纪中叶开始，在热学领域内逐渐发展起了"量热学"这个新的分支。

汽　化

　　在量热学中最早期的工作是研究具有不同温度的液体混合之后的平衡温度问题。这个问题在今天看来自然是十分简单的，但是在18世纪前半叶，它却使一些很有才华的科学家陷入惶惑和重重矛盾之中。困难的根源在于要把描述热现象的两个最基本的概念——温度和热量，明确地区别开来，这并不是很容易做到的。

　　我们已经谈过，自从伽利略以来，经过大量的研究工作，人们制造出了愈来愈精确的温度计，并在医学、热学和气象学的研究方面获得了广泛的应用。温度计的发明使准确地测定物体的冷热程度及冷热变化的辐度成为可能，无疑把人类对热的认识大大推进了一步。但是，温度这个物理量反映着热的什么本质呢？在当时的人们看来，物体的冷热程度理所当然地应该反映出物体所含有的热的多少；所以，人们确信温度计测量的就是"热量"。在当时的一些科学著作中，不难找到这类表述：物体"具有多少度热"，物体"失去了多少度热"；在温度计上显示不同度数的物体"它们原来的热都各不相同"。

荷兰莱登大学的医学和化学教授波尔哈夫就是从这种观点出发来考察混合量热问题的。在他看来，一定量的物体温度每升高一度都应当吸收相同数量的热，这个数值同它每降低一度时放出的热必然相等。波尔哈夫同华伦海特一起试图用实验来证实这个猜想。他们把 $40\,℉$ 的水和等体积的 $80\,℉$ 的水相混合，测出混合后的水的温度恰好是平均值 $60\,℉$，表明冷水所吸收的热和增加的温度，恰恰等于热水所放出的热和降低的温度，这同他们预期的结果完全一致。波尔哈夫由此断言："物体在混合时，热不能创造，也不能消灭"，这是混合量热中热量守恒的思想。

这个实验结果使波尔哈夫确信，同体积的任何物体，在温度相同的情况下都含有同样数量的热；在相同的温度变化下，它们吸收放出的热也应当一样。但是，当他们用不同温度的水和水银的混合实验来检验这个推断时，却得到了否定的结果。他们将 $100\,℉$ 的水和等体积的 $150\,℉$ 的水银相混合，混合后的温度是 $120\,℉$，而不是预期的中间值 $125\,℉$。这个结果表明，等体积的水和水银温度发生相等的改变时，热的变化是不一样的，这个事实是波尔哈夫所无法解释的，所以称为"波尔哈夫疑难"。

知识点

凝 固

是物质从液相变为固相的相变过程。液态晶体物质在凝固过程中放出热量（称为凝固热，其数值等于熔化热），在凝固过程中其温度保持不变，直至液体全部变为晶体为止。

在一定压强下，液态的晶体物质，其温度略微低于熔点时，微粒便将规则地排列成为稳定的结构。开始是少数微粒按一定的规律排列起来，形成所谓的晶核，而后围绕这些晶核成长为一个个晶粒。因此，凝固过程就是产生晶核和晶核生长的过程，而且这两种过程是同时进行的。

延伸阅读

如果你用一定燃料（煤油、天然气或煤）烧炉子而获得的热量是 X，如果同样多的燃料在发电厂燃烧，由此发的电全部通过电炉来加热你的房间。电炉此时产生的热量远远小于 X，因为热量不可能完全转换成电能。在多数发电厂附近，你会看到冷却塔将热水放入河、湖或流湾中。原因是热能无法百分之百地转化为电能，必定要浪费掉一部分热能（在水电站这种浪费可以忽略），因为除了很小量的摩擦外可以认为落水的机械能可以全部转换成电能。为什么传到冷却塔、河中的热量不能通过循环再回到动力厂的锅炉里呢？因为热量自己是无法由低温物体转移到高温物体的，而锅炉温度总是远远高于废热的温度。为什么不用热泵迫使废热进入锅炉呢？因为热泵工作要消耗能量。那消耗多少能量呢？至少与动力厂在产生这些废热所耗的电相等，于是也就没有什么剩余的电力供输出了。

首先，为什么会有废热产生呢？因为在蒸汽机或汽轮机中，气体必须膨胀以推动机械活塞或汽轮叶片。气体膨胀时它的温度降低，如果气体能够膨胀到使其温度降为绝对零度，那么全部热能就都用来做功了。但实际上，它并不能比外界温度低（约为绝对温度 300 度），因此，你无法利用全部的热能。

下面这种方案如何？你可以使蒸汽膨胀后变成水，再将热水放回锅炉。这样做还会有什么损失呢？你会认为没有损耗了，因为似乎有了一个闭合的循环，但你错了。首先，蒸汽膨胀做功推动活塞时要耗掉一部分能量，当然这正是你所需要的，因此我们算它是能量损失。浪费在下面：蒸汽膨胀直到温度降为100℃，这时机器内部压强与外界大气压相同，它不能再膨胀了。这时它还不是水，而是100℃的蒸汽冷凝成100℃的水必须排除冷凝时释放的潜热。100℃的蒸汽变成100℃水时，温度不变，却有很大一部分热量放出，这一部分热量不能回到锅炉，因为它的温度仅100℃，而锅炉的温度却远远高于它。冷凝的潜热成为废热，太糟糕了，为什么锅炉的温度一定要高于100℃呢？因为100℃蒸汽的压强未超过大气压强。

当你为电热器付钱时，你不仅要为加热你的房间的热量付钱，还要为加热河流、大海和天空付钱。

若你给电热器输入10焦耳的电能，你将得到10焦耳的热能。在实际中，有没有可能给某一设备输入10焦耳电能而得到的热能大于10焦耳呢？可以，只要你非常非常聪明，你便可以从10焦耳的电能中获得超过10焦耳的热能。

想一下窗户上的空调机，夏天室外热，室内凉，电能输入空调以后，它就从室内吸收热量并排放到室外。排放到室外的热量有多少呢？如果空调机吸入9焦耳的电能（一个非常差的空调机），那么它一定向外放出19焦耳的热能。冬天的时候，外界很冷，你想升高室内温度，就将空调机颠倒一个方向，原本在室外的部分朝向室内。开动机器，输入10焦耳的电能，同时从外界吸收9焦耳热量，这时它必然放出19焦耳的热能。这样倒装的空调机称作热泵。

那么热泵真的能以无换有吗？是，也不是。你可以看到热量可以产生，例如烤炉就能产生热量；热量还可以转移，如在空调机里，热泵就能转移热量。热量本身总是由高温处转移到低温处的，但有了热泵（它的运转需要能量），就可以从低温处将热能移到高温处。

潜热的发现

由于布莱克等人区分了热量和温度两个概念，并引入了热容量和比热容概念，正确的混合量热公式和几个物体进行热混合时热量总量保持不变的观念终于建立起来了。但是，随着量热学的进一步研究，人们发现前面所述混合量热公式并不总是适用的，在某些热学过程中，部分热量似乎"失掉"了。

在德留克1754年实验的发现发表之前，布莱克也独立地做了类似的实验。

冰　块

他把32℉的冰块与相等重量的172℉的水相混合，结果发现，平均温度不是102℉，而是32℉，其效果只是冰块全部融化为水。布莱克由此作出结论：冰在熔解时，需要吸收大量的热量，这些热量使冰变成水，但并不能引起温度的升高。他还猜想到，冰熔解时吸收的热量是一定的。为了弄清楚这个问题，他把实验反过来做，即观测水在凝固时是否也会放出一定的热量。他把 -4℃的过冷却的水不停地振荡，使一部分过冷却水凝固为冰，结果温度上升了；当过冷却水完全凝固时，温度上升到0℃，表明水在凝固时确实放出了热量。进一步的大量实验使布莱克发现，各种物质在发生物态变化（熔解、凝固、汽化、液化）时，都有这种效应。他曾经用玻璃罩将盛有酒精的器皿罩住，把玻璃罩内的空气抽走，器皿中的酒精就迅速蒸发，结果在玻璃罩外壁上凝结了许多小水珠。这说明液体（酒精）蒸发时要吸收大量的热，因而使玻璃罩冷却了，外壁上才凝结了水珠。

　　布莱克用一个很简单直观的办法来测定水汽化时所需要的热量。他用一个稳定的火来烧1千克0℃的水，使水沸腾，然后继续烧火，直至水完全蒸发掉。他测出使沸腾的水完全蒸发所烧的时间，为使水由0℃升温到沸腾所烧的时间的4.5倍，表明所供热量之比为100∶450。这个实验当然是很粗糙的，所测的数值也有很大的误差；现在的测定表明这个比值为100∶539。布莱克还用类似的方法测出，溶解一定量的冰所需要的热量，和把相同重量的水加热

水　珠

140℉所需要的热量相等（相当于加热60℃所需要的热量），这个数值也偏小了一点，正确的数值为143℉（相当于61.7℃），但在当时，这种测量结果是很难得的。

布莱克由此引入了"潜热"概念。他认为，物体在发生状态变化时，物质的微粒和热流之间会发生某种化学作用。例如，一定量的热同冰块内部微粒相结合时，就会使冰微粒的结构松散，使冰融化为液体；同样，一定量的热同沸水中的微粒相结合，就会进一步使微粒的结构松散而变成蒸汽。在发生这种变化时，一部分原来是"活动的热"就变成"化合状态的热"而"潜藏起来"，不再显示引起物体温度升高的热效应；当这个准化学作用沿相反方向进行（液化、凝固）时，这些热又会重新分解出来，所谓"潜热"，就是可以"隐藏的热"。

潜热的发现，使"热量守恒"的观念进一步得到证明；但同时也明确了，前述混合量热公式并不适用于冰水混合的情况。或者更一般地说，这个公式只在不发生物态变化的情况下才是适用的；而在包含有相变的过程中，则必须考虑潜热的吸收和释放。当然，按照现代的观点，并不存在什么"潜热"，而是在相变过程中发生了能量形式的转换，即热这种形式的能转变为物质粒子间的势能，这就是"熔解热"和"汽化热"的实质。

知识点

熔　解

熔解，是物质由固相转变为液相的相变过程。它是凝固的相反过程。在一定的压强下，固体（晶体）要加热到一定温度（熔点）才能熔解，熔解过程中温度不变，从外界吸热。单位质量晶体熔解成液体所吸收的热量称为熔解潜热，简称熔解热。晶体熔解时对应的温度，称为熔点。

晶体的熔解是其晶格粒子由规则排列转化为无序状态的过程，熔解热是破坏点阵结构所需的能量，可用来衡量晶体结合能的大小。

延伸阅读

不同晶体的熔点不同，同一晶体的熔点还与熔解时的压强有关。在 $p-T$ 图上表示熔点与压强关系的曲线称为熔解曲线，它是固、液相的分界线，曲线上各点表示固、液相平衡共存的各个状态。大多数晶体熔解时体积膨胀，熔点随压强增大而降低。熔点还与晶体纯度有密切关系，少量杂质往往可显著降低其熔点，合金的熔点就往往低于其中各金属成分的最低熔点。

非晶体固体如玻璃、石蜡、树脂、沥青、塑料等的熔解并不在特定温度下进行，无熔点可言。它们在熔解过程中随着温度的上升逐渐软化，最终变成液体。

非晶体在熔解过程中，随温度的升高而逐渐软化，最后全部变为液体，所以熔解过程不是与某一确定温度相对应，而是与某个温度范围相对应。因为非晶体物质的分子结构跟液体相似，它的分子排列是混乱而没有规则的，即使由于它的黏滞性很大，能够保持一定的形状，但是实际上它并不具有空间点阵的结构。热源传递给它的能量，主要是转变为分子的动能。所以在任何情况下，只要有能量输入，它的温度就要升高。因此它没有一定的熔解温度，并且在熔解过程中温度是不断上升的。

固态在熔解时，物质的物理性质要发生显著变化，其中最主要的是饱和蒸汽压、电阻率以及熔解气体能力的变化，特别是体积的变化。例如，冰总是浮在水面上，严冬季节，盛满水的瓶子因冻结而将杯胀裂。固体石蜡放入熔解的液体石蜡里，会下沉到底部。从而得出固态熔解成液态，或液态凝固成固态时，体积和密度通常是要发生变化的。大多数物质如石蜡、铜、锌、锡等，在溶解时体积变大，在凝固时体积要缩小。这是因为在晶体内分子有规则排列时所占的体积要比在液体内分子杂乱无章排列时所占的体积小些。但也有少数物质例外，例如，冰、铋和锑等，它们在凝固时体积反而变大，熔解时体积反而缩小。利用这一特点，在铸铅字时，常常要在铅中加入一些铋、锑等金属，使其在凝固时膨胀，字迹清晰。

热与环境
RE YU HUANJING

　　冰冷刺骨、酷热难耐、温暖宜人。3个反映我们生活居住环境的词语无一不与热学有着直接的关系，可见温度的高低与我们的环境息息相关。在这些决定我们生活居住乃至生存的环境里，有大的自然环境，如厄尔尼诺现象、拉尼娜现象、全球变暖的温室效应；也有与我们紧紧相连的小环境，如城市中的热岛效应。这些决定我们生存生活的环境好坏，与温度的变化呈现了鲜明的线性关系。

　　可以这样说，关注这些环境的变化就是关注我们自身。而我们自身反过来也会对环境的变化进行不小的影响。

可怕的温室效应

　　温室效应，又称"花房效应"，是大气保温效应的俗称。大气能使太阳短波辐射到达地面，但地表向外放出的长波热辐射线却被大气吸收，这样就使地表与低层大气温度升高，因其作用类似于栽培农作物的温室，故名温室效应。如果大气不存在这种效应，那么地表温度将会下降约3℃或更多。反之，若温室效应不断加强，全球温度也必将逐年持续升高。自工业革命以来，人类向大气中排放的二氧化碳等吸热性强的温室气体逐年增加，大气的温室效应也随之增强，已引起全球气候变暖等一系列严重问题，引起了全世界各国的关注。

温室效应是指透射阳光的密闭空间由于与外界缺乏热交换而形成的保温效应，就是太阳短波辐射可以透过大气射入地面，而地面增暖后放出的长波辐射却被大气中的二氧化碳等物质所吸收，从而产生大气变暖的效应。大气中的二氧化碳就像一层厚厚的玻璃，使地球变成了一个大暖房。据估计，如果没有大气，地表平均温度就会下降到−23℃，而实际地表平均温度为

入射的短波辐射

二氧化碳

长波辐射

温 室 效 应

15℃，这就是说温室效应使地表温度提高38℃。

一方面，天然气燃烧产生的二氧化碳，远远超过了过去的水平。而另一方面，由于对森林乱砍滥伐，大量农田建成城市和工厂，破坏了植被，减少了将二氧化碳转化为有机物的条件。再加上地表水域逐渐缩小，降水量大大降低，减少了吸收溶解二氧化碳的条件，破坏了二氧化碳生成与转化的动态平衡，就使大气中的二氧化碳含量逐年增加。空气中二氧化碳含量的增长，就使地球气温发生了改变。但是有乐观派科学家声称，人类活动所排放的二氧化碳远不及火山等地质活动释放的二氧化碳多。他们认为，最近地球处于活跃状态，诸如喀拉喀托火山和圣海伦斯火山接连大爆发就是例证。地球正在把它腹内的二氧化碳释放出来。所以温室效应并不全是人类的过错。这种看法有一定道理，但是无法解释工业革命之后二氧化碳含量的直线上升，难道全是火山喷出的吗？

在空气中，氮和氧所占的比例是最高的，它们都可以透过可见光与红外辐射。但是二氧化碳就不行，它不能透过红外辐射。所以二氧化碳可以防止地表热量辐射到太空中，具有调节地球气温的功能。如果没有二氧化碳，地球的年平均气温会比目前降低20 ℃。但是，二氧化碳含量过高，就会使地球仿佛捂在一口锅里，温度逐渐升高，就形成"温室效应"。形成温室效应的气体，除

二氧化碳外，还有其他气体。其中二氧化碳约占75%、氯氟代烷约占15% ~ 20%，此外还有甲烷、一氧化氮等30多种气体。

如果二氧化碳含量比现在增加一倍，全球气温将升高3℃ ~ 5℃，两极地区可能升高10℃，气候将明显变暖。气温升高，将导致某些地区雨量增加，某些地区出现干旱，飓风力量增强，出现频率也将提高，自然灾害加剧。更令人担忧的是，由于气温升高，将使两极地区冰川融化，海平面升高，许多沿海城市、岛屿或低洼地区将面临海水上涨的威胁，甚至被海水吞没。20世纪60年代末，非洲下撒哈拉牧区曾发生持续6年的干旱。由于缺少粮食和牧草，牲畜被宰杀，饥饿致死者超过150万人。

这是"温室效应"给人类带来灾害的典型事例。因此，必须有效地控制二氧化碳含量增加，控制人口增长，科学使用燃料，加强植树造林，绿化大地，防止温室效应给全球带来的巨大灾难。

科学家预测，今后大气中二氧化碳每增加1倍，全球平均气温将上升1.5℃ ~ 4.5℃，而两极地区的气温升幅要比平均值高3倍左右。因此，气温升高不可避免地使极地冰层部分融解，引起海平面上升。海平面上升对人类社会的影响是十分严重的。如果海平面升高1m，直接受影响的土地约$5 \times 10^6 km^2$，人口约10亿，耕地约占世界耕地总量的1/3。如果考虑到特大风暴潮和盐水侵入，沿海海拔5 m以下地区都将受到影响，这些地区的人口和粮食产量约占世界的1/2。一部分沿海城市可能要迁入内地，大部分沿海平原将发生盐渍化或沼泽化，不适于粮食生产。同时，对江河中下游地带也将造成灾害。当海水入侵后，会造成江水水位抬高，泥沙淤积加速，洪水威胁加剧，使江河下游的环境急剧恶化。温室效应和全球气候变暖已经引起了世界各国的普遍关注，目前正在推进制定国际气候变化公约，减少二氧化碳的排放已经成为大势所趋。

科学家预测，如果现在开始有节制地对树木进行采伐，到2050年，全球暖化会降低5%。

温室效应对环境的影响：

（1）气候转变：全球变暖

温室气体浓度的增加会减少红外线辐射放射到太空外，地球的气候因此需要转变来使吸取和释放辐射的分量达至新的平衡。这一转变可包括"全球性"

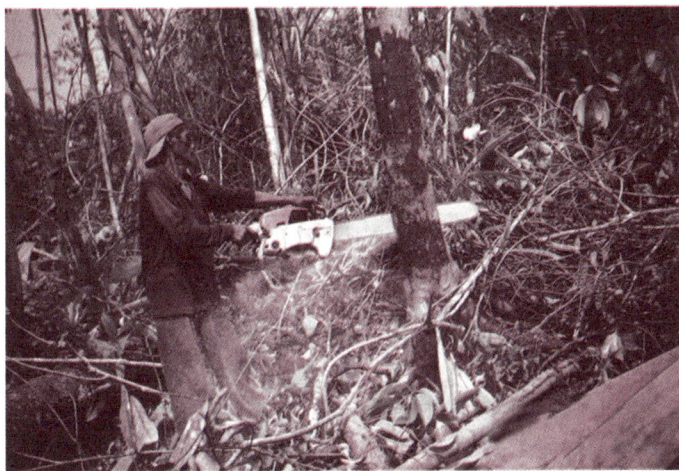

砍 伐 森 林

的地球表面及大气低层变暖，因为这样可以将过剩的辐射排放出去。虽然如此，地球表面温度的少许上升可能会引发其他的变动，例如：大气层云量及环流的转变。当中某些转变可使地面变暖加剧（正反馈），某些则可令变暖过程减慢（负反馈）。

利用复杂的气候模式，政府间气候变化专门委员会在第三份评估报告估计全球的地面平均气温会在 2100 年上升 $1.4℃ \sim 5.8℃$。这个预计已考虑到大气层中悬浮粒子倾向于对地球气候降温的效应以及海洋吸收热能的作用（海洋有较大的热容量）。但是，还有很多未确定的因素会影响这个推算结果，例如：未来温室气体排放量的预计、对气候转变的各种反馈过程和海洋吸热的幅度等等。

（2）地球上的病虫害增加

温室效应可使史前致命病毒威胁人类。

美国科学家近日发出警告，由于全球气温上升令北极冰层融化，被冰封十几万年的史前致命病毒可能会重见天日，导致全球陷入疫病恐慌，人类生命受到严重威胁。

纽约锡拉丘兹大学的科学家在一期《科学家杂志》中指出，早前他们发现一种植物病毒 TOMV，由于该病毒在大气中广泛扩散，推断在北极冰层也有其踪迹。于是研究员从格陵兰抽取 4 块年龄由 500 至 14 万年的冰块，结果在冰层中发现 TOMV 病毒。研究员指该病毒表层被坚固的蛋白质包围，因此可在逆境中生存。

这项新发现令研究员相信，一系列的流行性感冒、小儿麻痹症和天花等疫症病毒可能藏在冰块深处，目前人类对这些原始病毒没有抵抗能力，当全球气温上升令冰层融化时，这些埋藏在冰层千年或更长的病毒便可能会复活，形成疫病。科学家表示，虽然他们不知道这些病毒的生存希望，或者其再次适应地面环境的机会，但肯定不能抹煞病毒卷土重来的可能性。

（3）海平面上升

假若"全球变暖"正在发生，有两种过程会导致海平面升高。第一种是海水受热膨胀令水平面上升。第二种是冰川和格陵兰及南极洲上的冰块溶解使海洋水量增加。预期由 1900 年至 2100 年地球的平均海平面上升幅度介乎 0.09 米至 0.88 米之间。

全球暖化使南北极的冰层迅速融化，海平面不断上升，世界银行的一份报告显示，即使海平面只小幅上升 1 米，也足以导致 5 600 万发展中国家人民沦为难民。而全球第一个被海水淹没的有人居住的岛屿即将产生——位于南太平洋国家巴布亚新几内亚的岛屿卡特瑞岛，目前岛上主要道路水深及腰，农地也全变成烂泥巴地。

知识点

二氧化碳

二氧化碳，分子式为 CO_2，是一种在常温下无色无味无臭的气体。固体二氧化碳俗称"干冰"，其含义是"外形似冰，溶化无水"。二氧化碳是由一个碳原子和两个氧原子组成的，根据碳的四价原则和氧的二价原则来讲，一个二氧化碳分子里包含了两个碳氧双键，它的结构式是 $O=C=O$。二氧化碳略溶于水中，形成碳酸，碳酸是一种弱酸。二氧化碳是一种温室气体，因为它发送可见光，但强烈吸收红外线。

延伸阅读

在 17 世纪，法兰德斯化学家海尔蒙特发现在密封容器内燃烧木炭，剩下的气体的密度比原来的气体更高。

1750 年代，苏格兰物理学家约瑟夫·布莱克又对二氧化碳有更进一步的研究：石灰石加热或加入酸后会产生一种他称为"固定空气"的气体。

液化二氧化碳首次（在高温压力下）在 1823 年制成。最早描述固体二氧化碳的是由查尔斯在 1834 年开设了压力容器的液体二氧化碳，他们发现，冷却所产生的快速蒸发的液体产生了"雪"，即固体二氧化碳。

酷暑寒冬的厄尔尼诺

"厄尔尼诺"一词来源于西班牙语，原意为"圣婴"。19 世纪初，在南美洲的厄瓜多尔、秘鲁等西班牙语系的国家，渔民们发现，每隔几年，从 10 月至第二年的 3 月便会出现一股沿海岸南移的暖流，使表层海水温度明显升高。南美洲的太平洋东岸本来盛行的是秘鲁寒流，随着寒流移动的鱼群使秘鲁渔场成为世界四大渔场之一，但这股暖流一出现，性喜冷水的鱼类就会大量死亡，使渔民们遭受灭顶之灾。由于这种现象最严重时往往在圣诞节前后，于是遭受天灾而又无可奈何的渔民将其称为上帝之子——圣婴。后来，在科学上此词语用于表示在秘鲁和厄瓜多尔附近几千千米的东太平洋海面温度的异常增暖现象。当这种现象发生时，大范围的海水温度可比常年高出 3℃ ~ 6℃。太平洋广大水域的水温升高，改变了传统的赤道洋流和东南信风，导致全球性的气候反常。

厄尔尼诺现象又称厄尔尼诺海流，是太平洋赤道带大范围内海洋和大气相互作用后失去平衡而产生的一种气候现象，就是沃克环流圈东移造成的。正常情况下，热带太平洋区域的季风洋流是从美洲走向亚洲，使太平洋表面保持温暖，给印尼周围带来热带降雨。但这种模式每 2 ~ 7 年被打乱一次，使风向和

厄尔尼诺现象

洋流发生逆转，太平洋表层的热流就转而向东走向美洲，随之便带走了热带降雨，出现所谓的"厄尔尼诺现象"。

厄尔尼诺现象的基本特征是太平洋沿岸的海面水温异常升高，海水水位上涨，并形成一股暖流向南流动。它使原属冷水域的太平洋东部水域变成暖水域，结果引起海啸和暴风骤雨，造成一些地区干旱，另一些地区又降雨过多的异常气候现象。厄尔尼诺现象发生时，由于海温的异常增高，导致海洋上空大气层气温升高，破坏了大气环流原来正常的热量、水汽等分布的动态平衡。这一海气变化往往伴随着出现全球范围的灾害性天气：该冷不冷、该热不热，该天晴的地方洪涝成灾，该下雨的地方却烈日炎炎焦土遍地。一般来说，当厄尔尼诺现象出现时，赤道太平洋中东部地区降雨量会大大增加，造成洪涝灾害，而澳大利亚和印度尼西亚等太平洋西部地区则干旱无雨。

厄尔尼诺的全过程分为发生期、发展期、维持期和衰减期，历时一般一年左右，大气的变化滞后于海水温度的变化。

在气象科学高度发达的今天，人们已经了解：太平洋的中央部分是北半球夏季气候变化的主要动力源。通常情况下，太平洋沿南美大陆西侧有一股北上的秘鲁寒流，其中一部分变成赤道海流向西移动，此时，沿赤道附近海域向西吹的季风使暖流向太平洋西侧积聚，而下层冷海水则在东侧涌升，使得太平洋西段菲律宾以南、新几内亚以北的海水温度渐渐升高，这一段海域被称为

"赤道暖池"，同纬度东段海温则相对较低。对应这两个海域上空的大气也存在温差，东边的温度低、气压高，冷空气下沉后向西流动；西边的温度高、气压低，热空气上升后转向东流，这样，在太平洋中部就形成了一个海平面冷空气向西流，高空热空气向东流的大气环流（沃克环流），这个环流在海平面附近就形成了东南信风。但有些时候，这个气压差会低于多年平均值，有时又会增大，这种大气变动现象被称为"南方涛动"。20 世纪 60 年代，气象学家发现厄尔尼诺和南方涛动密切相关，气压差减小时，便出现厄尔尼诺现象。

20 世纪 60 年代以后，随着观测手段的进步和科学的发展，人们发现厄尔尼诺现象不仅出现在南美等国沿海，而且遍及东太平洋沿赤道两侧的全部海域以及环太平洋国家；有些年份，甚至印度洋沿岸也会受到厄尔尼诺带来的气候异常的影响，发生一系列自然灾害。总的来看，它使南半球气候更加干热，使北半球气候更加寒冷潮湿。

由于科技的发展和世界各国的重视，科学家们对厄尔尼诺现象通过采取一系列预报模型、海洋观测和卫星侦察、海洋大气偶合等科研活动，深化了对这种气候异常现象的认识。首先认识到厄尔尼诺现象出现的物理过程是海洋和大气相互作用的结果，即海洋温度的变化与大气相关联。所以在 80 年代后，科学家们把厄尔尼诺现象称之为"安索"（enso）现象。其次是热带海洋的增温不仅发生在南美智利海域，而且也发生在东太平洋和西太平洋。它无论发生在哪里，都会迅速地导致全球气候的明显异常，它是气候变异的最强信号，会导致全球许多地区出现严重的干旱和水灾等自然灾害。

在气候预测领域，厄尔尼诺是迄今为止公认的最强的年际气候异常信号之一。它常常会使北美地区当年出现暖冬，南美沿海持续多雨，还可能使得澳大利亚等热带地区出现旱情。

厄尔尼诺现象是海洋和大气相互作用不稳定状态下的结果。据统计，每次较强的厄尔尼诺现象都会导致全球性的气候异常，由此带来巨大的经济损失。我国 1998 年夏季长江流域的特大暴雨洪涝就与 1997 ~ 1998 年厄尔尼诺现象密切相关，气象部门正是主要依据这一因子很好地提供了预测服务。

此外，通常在厄尔尼诺现象发生的当年，我国的夏季风会较弱，季风雨带偏南，北方地区夏季往往容易出现干旱、高温天；厄尔尼诺可能会使冬季出现暖冬的概率增大；夏季东北地区出现低温的概率增大；西北太平洋的台风产生个数及在我国沿海登陆个数均较正常年份偏少。由此可见，我国的气候也在厄尔尼诺现象的影响范围之内。

我国地域辽阔，横跨热带、亚热带、温带和寒带4个温区，而且又地处太平洋西岸，因此厄尔尼诺现象也不可避免地影响到我国的气候。分析表明，盛产于我国黄海和渤海的对虾产量与厄尔尼诺现象密切相关。每当发生厄尔尼诺现象时，对虾的产量就明显下降，平均下降幅度为30%。发生强厄尔尼诺现象时，产量的下降就更为显著，平均下降幅度达70%之多。在最强的厄尔尼诺年1982年，对虾产量只有高产年份（1956年和1979年）的1/7。

科学家们认为，厄尔尼诺现象的发生与人类自然环境的日益恶化有关，是地球温室效应增加的直接结果，与人类向大自然过多索取而不注意环境保护有关。

根据对近百年来太阳活动变化规律与厄尔尼诺关系的研究，科学家发现太阳黑子减少期到谷值期是厄尔尼诺的多发期，并有2～3次厄尔尼诺发生。

几十年过去了，人们对厄尔尼诺现象已有全新理解，特别对生态、环境、气候乃至世界经济的影响，有了较深刻的认识。科学家确信，厄尔尼诺特别是强厄尔尼诺会给世界经济带来巨大灾难。美国《纽约时报》和《洛杉矶时报》提供的评估材料显示：1982～1983年的变暖事件中，秘鲁是受害最重的国家之一。事件发生前，秘鲁供应的鱼粉占世界的38%，1982～1983年秘鲁的捕鱼量从过去的1 030万吨锐减到180万吨；美国作为鱼粉的代用品——黄豆的价格暴涨3倍，饲料价格上涨反过来又使鸡的零售价猛涨；菲律宾干旱严重，导致椰子价格大幅度上扬，又使制造肥皂和清洁剂的成本大大提高……1997年8月，世界气象组织的一份报告指出，1982～1983年的厄尔尼诺，造成全球130亿美元的直接经济损失，间接和潜在影响难以估计。

至于厄尔尼诺的形成原因，则是当代科学之谜。大多科学家认为不外乎两大方面：一是自然因素。赤道信风、地球自转、地热运动等都可能与其有关；二是人为因素。即人类活动加剧气候变暖，也是赤道暖事件剧增的可能原因之一。

流经南美沿岸的秘鲁海流是一支冷洋流，在几乎与秘鲁海岸平行的东南信风的吹送下，表层海水离岸外流，深层海水上涌补充，同时将营养盐类挟至上层，因而浮游生物繁盛，吸引大量秘鲁沙丁鱼等冷水性鱼类在这儿繁衍、栖息，使该地区成为著名的东南太平洋渔场。可是在某些年份，东南信风暂时减弱，太平洋赤道逆流的南支越过赤道沿厄瓜多尔沿岸南下，使厄瓜多尔和秘鲁沿岸水温迅速升高，冷水性浮游生物和鱼类因不适应新的环境而大量死亡。由于沿海水温上升在圣诞节即圣子耶稣诞辰前后最为激烈，秘鲁居民将这种海水温度季节性上升的现象称为厄尔尼诺（厄尔尼诺为西班牙文音译，意为圣婴）。

厄尔尼诺发生时，秘鲁渔获量严重减少，并波及世界饲料市场供应；鱼类尸体堆积在海滨，污染了周围的海水；沿岸地区和岛屿上的海鸟因缺乏食物纷纷逃离，影响了鸟粪工业生产，使工人失业。厄尔尼诺不仅给南美沿岸人民生活带来巨大灾难，也往往酿成全球性的灾难性气候异常，如连续出现的世界范围的洪水、暴风雪、旱灾、地震等，报纸上概称为"厄尔尼诺现象（事件）"，科学家们则把那些季节升温十分激烈，大范围月平均海温高出常年1℃以后的年份才称为厄尔尼诺年。1982～1983年，通常干旱的赤道东太平洋降水大增，南美西部夏季出现反常暴雨，厄瓜多尔、秘鲁、智利、巴拉圭、阿根廷东北部遭受洪水袭击，厄瓜多尔的降水比正常年份多15倍，洪水冲决堤坝，淹没农田，几十万人无家可归。在美国西海岸，加州沿海公路被淹没，内华达等5个州的洪水和泥石流巨浪高达9米。在太平洋西侧，澳大利亚由于干旱引起灌木林大火，造成多人死亡；印度尼西亚的东加里曼丹发生森林大火，并殃及马来西亚和新加坡；大火产生的烟雾使马来西亚空运中断，3个州被迫实行定量供水，新加坡的炎热是35年来最严重的。据统计，本次厄尔尼诺事件在世界范围造成的经济损失约为200亿美元。范围可达整个热带太平洋东部至中部。现在，厄尔尼诺一词已被气象学家和海洋学家专门用来指赤道中、东太平洋海水的大范围异常增温现象。一些专家学者的研究表明，厄尔尼诺与印度、东南亚、印度尼西亚、澳大利亚等地的干旱，沿赤道中太平洋岛屿、南美洲太平洋沿岸厄瓜多尔、秘鲁、智利、阿根廷等国的异常多雨有着密切的关系，与西北太平洋、大西洋热带风暴的减小、日本及我国东北的夏季低温，我国的降水等也有一定的相关性。

人类最终彻底走出"厄尔尼诺"怪圈，也许就取决于人类自己对自然的态度。1998 年 2 月 3 日至 5 日，来自世界各国的 100 多名气象专家聚集曼谷，研讨对付"厄尔尼诺"的良策。科学家们认为，在预测厄尔尼诺现象方面，人类已取得了长足的进步。不少因"厄尔尼诺"造成的灾害得到了较为准确和及时的预测，使人类能够未雨绸缪。科学家发出了这样的呼吁：拯救大自然，也就是拯救人类自己。

知识点

暖　流

从低纬度流向高纬度的洋流。暖流的水温比它所到区域的水温高。

凡流动的洋流，海水温度比经过的海区水温高的称为暖流，一般从低纬度流向高纬度的洋流皆属暖流。暖流流经的海区和沿海地带，一般较同纬度其他海区气温高、空气湿润、雨量充沛，有利于农业生产。

延伸阅读

洋流又称海流，人们形象地称为"海洋中河流"，是指海洋中海水沿着一定路线做大规模流动的现象。洋流的成因主要有大气运动、行星风系、密度差异、陆地的形状和地球自转产生的地转偏向力等。但是洋流形成的主要原因是由于长期定向风的推动。洋流是促成不同海区间水量、热量和盐量交换的主要原因，对气候状况、海洋生物、海洋沉积、交通运输等方面，都有很大影响。

冷热交替的拉尼娜

拉尼娜是指赤道太平洋东部和中部海面温度持续异常偏冷的现象（与厄尔尼诺现象正好相反）。是气象和海洋界使用的一个新名词。意为"小女孩"，正好与意为"圣婴"的厄尔尼诺相反，也称为"反厄尔尼诺"或"冷事件"。

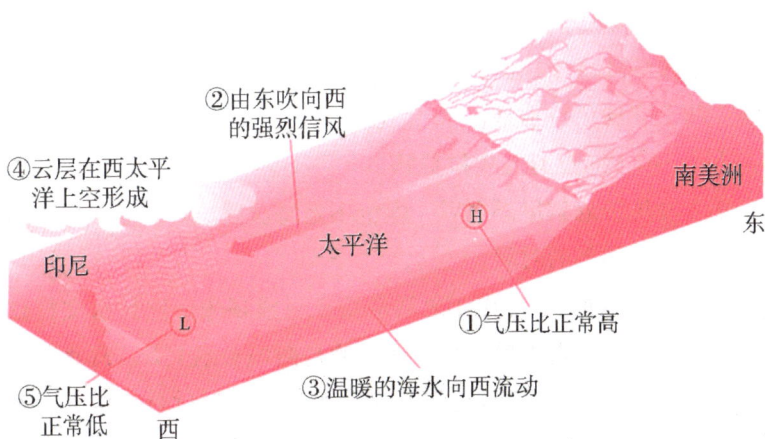

②由东吹向西的强烈信风

④云层在西太平洋上空形成

南美洲

东

印尼

太平洋

H

①气压比正常高

L

③温暖的海水向西流动

⑤气压比正常低

西

拉尼娜现象示意图

拉尼娜现象就是太平洋中东部海水异常变冷的情况。东信风将表面被太阳晒热的海水吹向太平洋西部，致使西部比东部海平面增高将近60厘米，西部海水温度增高，气压下降，潮湿空气积累形成台风和热带风暴，东部底层海水上翻，致使东太平洋海水变冷。

太平洋上空的大气环流叫做沃尔克环流，当沃尔克环流变弱时，海水吹不到西部，太平洋东部海水变暖，就是厄尔尼诺现象；但当沃尔克环流变得异常强烈，就产生拉尼娜现象。一般拉尼娜现象会随着厄尔尼诺现象而来，出现厄尔尼诺现象的第二年，都会出现拉尼娜现象，有时拉尼娜现象会持续两三年。1988~1989年，1998~2001年都发生了强烈的拉尼娜现象，1995~1996年发生的拉尼娜现象较弱，有的科学家认为，由于全球变暖的趋势，拉尼娜现象有减弱的趋势。

拉尼娜是西班牙语"小女孩"、"圣女"的意思，是厄尔尼诺现象的反相，指赤道附近东太平洋水温反常下降的一种现象，表现为东太平洋明显变冷，同时也伴随着全球性气候混乱，总是出现在厄尔尼诺现象之后。

气象和海洋学家用来专门指发生在赤道太平洋东部和中部海水大范围持续异常变冷的现象（海水表层温度低于气候平均值 0.5℃ 以上，且持续时间超过 6 个月以上）。拉尼娜也称反厄尔尼诺现象。

厄尔尼诺和拉尼娜是赤道中、东太平洋海温冷暖交替变化的异常表现，这种海温的冷暖变化过程构成一种循环，在厄尔尼诺之后接着发生拉尼娜并非稀罕之事。同样拉尼娜后也会接着发生厄尔尼诺。但从 1950 年以来的记录来看，厄尔尼诺发生频率要高于拉尼娜。拉尼娜现象在当前全球气候变暖背景下频率趋缓，强度趋于变弱。特别是在 20 世纪 90 年代，1991～1995 年曾连续发生了 3 次厄尔尼诺，但中间没有发生拉尼娜。

拉尼娜常发生于厄尔尼诺之后，但也不是每次都这样。厄尔尼诺与拉尼娜相互转变需要大约四年的时间。

"拉尼娜"是一种厄尔尼诺年之后的矫正过渡现象。这种水文特征将使太平洋东部水温下降，出现干旱，与此相反的是西部水温上升，降水量比正常年份明显偏多。科学家认为："拉尼娜"这种水文现象对世界气候不会产生重大影响，但将会给广东、福建、浙江乃至整个东南沿海带来较多并持续一定时期的降雨。

那么，拉尼娜究竟是怎样形成的呢？厄尔尼诺与赤道中、东太平洋海温的增暖、信风的减弱相联系，而拉尼娜却与赤道中、东太平洋海温变冷、信风的增强相关联。因此，实际上拉尼娜是热带海洋和大气共同作用的产物。

拉尼娜同样对气候有影响。拉尼娜与厄尔尼诺性格相反，随着厄尔尼诺的消失，拉尼娜的到来，全球许多地区的天气与气候灾害也将发生转变。总体说来，拉尼娜并非性情十分温和，它也将可能给全球许多地区带来灾害，其气候影响与厄尔尼诺大致相反，但其强度和影响程度不如厄尔尼诺。

世界气象组织说拉尼娜现象导致欧洲严寒天气。中国北方遭遇的严重干旱也与拉尼娜密切相关，我们已给出了灾害预警，做好拉尼娜事件中的防灾准备：旱涝不均、低温冷害、台风暴雨和生物灾害值得关注。

知识点

大气环流

　　大气环流，一般是指具有世界规模的、大范围的大气运行现象，既包括平均状态，也包括瞬时现象，其水平尺度在数千千米以上，垂直尺度在10千米以上，时间尺度在数天以上。大气大范围运动的状态。某一大范围的地区（如欧亚地区、半球、全球），某一大气层次（如对流层、平流层、中层、整个大气圈）在一个长时期（如月、季、年、多年）的大气运动的平均状态或某一个时段（如一周、梅雨期间）的大气运动的变化过程都可以称为大气环流。

延伸阅读

信 风

　　信风（又称贸易风）指的是在地空从副热带高气压带吹向赤道低气压带的风，北半球吹的是东北信风，而南半球吹的是东南信风。信风经常会增加热带风暴的威力，影响大西洋、太平洋和印度洋沿海地区。信风年年反复稳定地出现，犹如潮汐有信，因此称为"信风"。古代商人们也利用信风的规律性做航海贸易，因此信风才被称作"贸易风"。

城市里的热岛效应

高空大气环流，直接影响着生活在陆地上的人们，他们时而感觉到狂风扑面，时而又是在无风和微风的天气中度过。

尽管有时候风的作用在减少，但气流还是在不停地循环流动，这里的助推剂是：热量。一般来说：凡是太阳光照射的地方，温度就会慢慢地上升。气流在上升的温度中被烘烤加热后，形成垂直的流动。热空气密度小，轻，它会往上升；冷空气密度大，重，它往下降，填补热空气上升留下的空缺，形成气流的循环运动，这就是热力环流。

热力环流不同于水平流动的风，它是空气上下垂直的对流运动，冷与热激发出气流缓慢的运动，它跟风不一样，风能够改造局地环境的气候，而热力环流是气流运动的原始动力。

换句话说凡是高低错落的或者是冷热分布不均的地方就存在着热力环流。城市里参差不齐的楼群、房屋、道路，都为热力环流创造了良好的形成条件，白天屋顶受热最强，热空气从屋顶上升，与屋顶同一高度上比较凉的空气就会流向屋顶，这样屋顶上空就形成了一个小规模的冷热空气的循环；街道两边背阴面与向阳面也一样产生这样的热力环流，向阳的一面暖空气上升，背阴面冷空气下沉，它们之间通过穿行的风来贯通热力循环。

城市聚热能力，来自于建设城市的钢筋水泥、土木砖瓦以及纵横交织的道路网，它们取代了原本能降低城市温度的树木和草地，这些密集的建造物，让城市接受更多太阳的热量，同时这些吸热面又散发和反射出巨大的辐射热能，城市的气温，在太阳能和各种辐射热能的烘烤下越来越高。据气象专家长期的观测：柏油路面能够吸收80%以上的热量，尤其是中午，马路表面的温度比百叶箱气温高出17.4℃。

城市的现代生活制造出巨大热量，工业生产的昼夜运转，家庭炉灶的明火烹饪，这些固定的热源每天排放的废气热量就占了全天热能的66.6%，柏油马路上的滚滚车轮，这些移动热源每天也释放着33.1%的热量，稠密人口释放出的生物热量占1%左右，种种热源像火炉一样直接烘烤大气，与此同时空

气中 CO_2 对某些辐射波段有着强烈的吸收，也使得大气的温度上升很快。贴近地面的空气被加速烘热，整个城市宛如一个"热的岛屿"矗立在周围乡村较凉的"海洋"之上。

受热的空气膨胀起来，密度变小，轻盈得往上升，在城市上空形成了一个低压中心，同时产生了指向城市的气压梯度力，使得周围低层较冷的空气——乡村风，从四面八方，源源不断地涌向城市，填补进来的冷空气遇热又会上升，这样城市和周围乡村之间的冷热空气就流动起来，形成一个冷热交换的环流系统，这是气象学上的"中尺度"运动，专家叫它"热岛效应"或"城市热岛"。

气象专家们将多次观测到的城市热岛，绘成一幅城乡气温图，高峰值与乡村气温的悬差，就是城市热岛的强度。热岛强度是衡量乡村风涌入城市的指标，差值大涌入城市的乡村风就大，差值小吹进城市的乡村风就会很小。

"城市热岛"的变化还是有一定的规律。一天中变化最大的时候在夜间，到了白天和午后反而差异不明显。这是因为午后城市和乡村的气温差别不大；日落以后，空旷的乡村让大气散热很快，而城市里蓄积了白天大量热能的建筑物，散发出大量的辐射热，烘烤着大气，形成了夜间城市热岛，尤其在日落以后的 3～5 小时里表现得最强。

"城市热岛"的季节变化并没有一定的模式，对于我国来说，副热带和温带的气候条件，城市热岛表现为冬季和秋季最强，夏季和晚春最弱。

处在南副热带上的广州，春、夏风速大，热岛强度弱不说，甚至还会出现凉岛。北副热带上的上海，秋季云量最少，秋高气爽，风速也小，热岛效应表现强。冬季的北京，温带的气候条件本身就非常有利于城市热岛效应的发展，再加上人工取暖的增多，12 月和 1 月的热岛效应表现特别明显。

城市热岛当然并非一无是处，在冬季对于居民生活的影响是非常有利的，具体表现在凝结露、霜的机会比郊区小，下雪天比郊区少。春秋季节热岛中心上升气温的大幅度衰减，有利于形成对流云和降雨，降低城市的高温。可是夏季，城市热岛这个低压中心，加强了高温酷热的程度，烦躁的热气塞进鼻腔、喉咙，使人们的呼吸变得不畅和困难，还会造成体质虚弱人群的休克甚至是死亡。如何降低酷暑季节城市的热岛强度是城市规划中的重要举措之一。

对于城市来说，高楼、房屋、道路这些不透水面积的不断扩大，不利于城市降温，只有科学地增加绿化带和水面，增加透水面积，才能实现城市的防暑降温。北京市对居住密集区域进行了局地改造，拆除一部分危旧房屋，规划建设出大面积的绿化带和水面，改善城市热岛的强度。新建的皇城根遗址公园坐落在紫禁城的东边，全长3.4千米，占地面积7.5万平方米，其中90%的土地被绿地覆盖，10个造型各异的喷泉点缀其间，整个公园如同一个巨大的氧吧，清洗着紫禁城周围的空气，有效地降低了天安门周边的温度，使这一带的居民和游客感受到这未有过的清爽和舒适。

为了增加城市的绿地面积，各行各业都展现出各自的绝招，有些环保意识前卫的企业，索性把绿地搬到自己的屋顶上，花园屋顶、森林屋顶层出不穷。这样既美化了城市，增加了绿地，又有利于城市的防暑降温。

一座城市是一个"活"的系统，"热岛"是其中不可或缺的一环，它与城市环境和城市未来的发展密切相关。科学地处理"热岛效应"将有利于生活在城市里的人们，处理不好既影响城市的生活质量，又不利于污染物的驱散。

北京气象局的研究人员，利用先进的气球探空技术和数值模拟分析，对北京市进行了城市尺度的探测，专家对2000年和2010年进行了量化分析：自1980年以来，经过20年的飞速发展，到了2000年，建筑物不断地升高，热岛面积明显扩大，驱散污染物需要36分钟；对2010年，依据北京市的总体规划，增加环城绿化带的建设，热岛面积缩小到接近于1980年的面积，而自身净化的能力也缩短在30分钟以内完成。

这样对2008年奥运会的北京，不管是生活在这里的人们，还是来这里参加世纪盛会的运动员和各国宾客，将会在这座美丽的古都尽情地渡过碧水、蓝天，清风扑面的日子。再也感受不到城市热岛带来的负面效果。

实际上城市热岛还遭遇一个夜间杀手——逆温层。它往往出现在日落之后，消失在日出之前那些大多数的无风日子里。这个无色透明的大气罩将污染物笼罩在城市的上空，久久不能散去，直接影响大气质量。热岛环流就像锅盖一样将城市罩住，使城市闷热难耐。

白天，城市的气温被太阳和热岛环流的"加热"升高，日落以后，城市失去了太阳烘烤，地表空气也会迅速地降下温度，那些白天蓄了热的"加热炉"们还继续散发着剩余的热量，这些余热以极其缓慢的速度加热着冷空气，通过分子之间的相互接触，一个一个地传送着热量，这种分子间加热的地表气温比起 200～300 米高的气温还是凉了很多，因此出现的上升气流不是释放热量，逐渐降温，而是逐渐地升温，于是形成了逆温层。逆温层如同一床巨大的被子悬浮在城市和郊区的上空，它抑制着空气的上下流动，也阻挡了乡村风的涌入。在这个穹顶形的温盖下面，那些本该被稀释的污染物越来越多地堆积在我们的周围。

在我国辽阔的版图上，身受"逆温层"之苦的城市不乏其例。甘肃省兰州市被群山环抱着，这里是一个几乎封闭的河谷盆地，东西狭长，南北较窄，黄河从中间穿过。受蒙古高压的控制，兰州市区风速小，天气稳定。特别是冬季，无风天出现的频率很高，降水量又少，干、热尤为突出，市区的热岛效应表现极强；厚厚的逆温层，如同锅盖一般，严严实实地罩在兰州城的上空，流通不起来的空气，没有能力稀释扩散被污染的大气。为此兰州市政府把"蓝天工程"放在城市规划建设的首位，加强城市绿化的建设，改变燃料构成和供热方式，用电、液化石油气、天然气等取代烟煤，大力开发利用以太阳能为主的新能源，减少不必要的人为污染。

针对兰州市常年刮东风的特点，有专家大胆提议：通过改变这里的地形，增加通风量。将东部峡口附近的山头削平，并填入沟内，这样不足 1 千米的东部峡口被拓宽为 4 千米左右的平坦地区，盛行的东风被引进了市区，大大地改善了市区的通风条件，降低了热岛效应，改善了逆温层的持续时间，减少了大气污染。

对于城市热岛，只有当乡村风大范围的风速达到 3 米/秒以上时，才能加速城乡的热力环流，减轻城市空气的混浊程度，给城市不断注入清新凉爽的清风。要实现这个目标，大面积地设置绿地，不断地增加城市的透水面积，才能改善城市局部区域气候环境，减缓城市的"热岛效应"。

知识点

密 度

密度是物质的质量跟它的体积的比值。过去称为比重。如纯水在标准大气压下的最大密度（温度 3.98℃ 时的密度）为 999.972kg/m³。对于气体是指气体的分子量同空气的分子量（28.964 4）的比值。

延伸阅读

副热带，也称亚热带。位置在地球南、北纬约 25°～35° 之间。是地球上的一种气候地带。亚热带的气候特点是其夏季与热带相似，但冬季明显比热带冷。最冷月平均温度在 0℃ 以上。亚热带分冷、热两季。亚热带又可分为南亚热带、中亚热带、北亚热带。

热的应用

RE DE YINGYONG

　　希腊神话中勇敢的普罗米修斯不畏众神之王宙斯为人类盗来火种，传说中的中国古代英雄后羿为了人类的生存射杀多余的太阳。这些不论是神话还是古老传说都传达出一个朴素古老的希冀，这个希冀直到今天还在召唤着我们，这就是更大更多合理地利用热能。

　　从神话、传说到太阳能发电、太阳能热水器、地热能的利用乃至到可控核聚变，人类对热能的追逐和应用几乎从没有停歇过。

地热能

　　地热能（Geothermal Energy）是由地壳抽取的天然热能，这种能量来自于地球内部的熔岩，并以热力形式存在，是引致火山爆发及地震的能量。地球内部的温度高达 7 000℃，而在 80 ～ 100 千米的深度处，温度会降至 650℃ ～ 1 200℃。透过地下水的流动和熔岩涌至离地面 1 ～ 5 千米的地壳，热力得以被转送至较接近地面的地方。高温的熔岩将附近的地下水加热，这些被加热了的水最终会渗出地面。运用地热能最简单和最合乎成本效益的方法，就是直接取用这些热源，并抽取其能量。地热能是可再生资源。

人类很早以前就开始利用地热能，例如利用温泉沐浴、医疗，利用地下热水取暖、建造农作物温室、水产养殖及烘干谷物等。但真正认识地热资源，并进行较大规模的开发利用却是始于20世纪中叶。

1. 地热发电

地热发电是地热利用的最重要方式。高温地热流体应首先应用于发电。地热发电和火力发电的原理是一样的，都是利用蒸汽的热能在汽轮机中转变为机械能，然后带动发电机发电。所不同的是，地热发电不像火力发电那样要装备庞大的锅炉，也不需要消耗燃料，它所用的能源就是地热能。地热发电的过程，就是把地下热能首先转变为机械能，然后再把机械能转变为电能的过

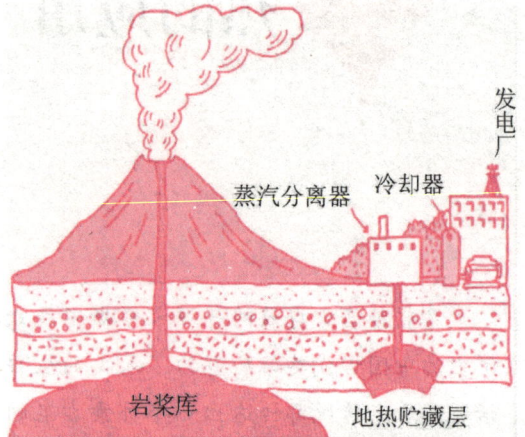

地 热 发 电

程。要利用地下热能，首先需要有"载热体"把地下的热能带到地面上来。目前能够被地热电站利用的载热体，主要是地下的天然蒸汽和热水。按照载热体类型、温度、压力和其他特性的不同，可把地热发电的方式划分为蒸汽型地热发电和热水型地热发电两大类。

（1）蒸汽型地热发电

蒸汽型地热发电是把蒸汽田中的干蒸汽直接引入汽轮发电机组发电，但在引入发电机组前应把蒸汽中所含的岩屑和水滴分离出去。这种发电方式最为简单，但干蒸汽地热资源十分有限，且多存于较深的地层，开采技术难度大，故发展受到限制。主要有背压式和凝汽式两种发电系统。

（2）热水型地热发电

热水型地热发电是地热发电的主要方式。目前热水型地热电站有两种循环系统：

a. 闪蒸系统。当高压热水从热水井中被抽至地面时，于压力降低部分热水会沸腾并"闪蒸"成蒸汽，蒸汽被送至汽轮机做功；而分离后的热水可继

续利用后排出，当然最好是再回注入地层。

b. 双循环系统。地热水首先流经热交换器，将地热能传给另一种低沸点的工作流体，使之沸腾而产生蒸汽。蒸汽进入汽轮机做功后进入凝汽器，再通过热交换器而完成发电循环。地热水则从热交换器回注入地层。这种系统特别适合于含盐量大、腐蚀性强和不凝结气体含量高的地热资源。发展双循环系统的关键技术是开发高效的热交换器。

2. 地热供暖

将地热能直接用于采暖、供热和供热水是仅次于地热发电的地热利用方式。因为这种利用方式简单、经济性好，备受各国重视，特别是位于高寒地区的西方国家，其中冰岛开发利用得最好。该国早在1928年就在首都雷克雅未克建成了世界上第一个地热供热系统，现今这一供热系统已发展得非常完善，每小时可从地下抽取7 740吨80℃的热水，供全市11万居民使用。由于没有高耸的烟囱，冰岛首都已被誉为"世界上最清洁无烟的城市"。此外利用地热给工厂供热，如用作干燥谷物和食品的热源，用作硅藻土生产、木材、造纸、制革、纺织、酿酒、制糖等生产过程的热源也是大有前途的。目前世界上最大两家地热应用工厂就是冰岛的硅藻土厂和新西兰的纸浆加工厂。我国利用地热供暖和供热水发展也非常迅速，在京津地区已成为地热利用中最普遍的方式。

3. 地热务农

地热在农业中的应用范围十分广阔。如利用温度适宜的地热水灌溉农田，可使农作物早熟增产；利用地热水养鱼，在28℃水温下可加速鱼的育肥，提高鱼的出产率；利用地热建造温室，育秧、种菜和养花；利用地热给沼气池加温，提高沼气的产量等。将地热能直接用于农业在我国日益广泛，北京、天津、西藏和云南等地都建有面积大小不等的地热温室。各地还利用地热大力发展养殖业，如培养菌种、养殖非洲鲫鱼、鳗鱼、罗非鱼、罗氏沼虾等。

4. 地热治疗

地热在医疗领域的应用有诱人的前景，目前热矿水就被视为一种宝贵的资源，世界各国都很珍惜。由于地热水从很深的地下提取到地面，除温度较高外，常含有一些特殊的化学元素，从而使它具有一定的医疗效果。如含碳酸的矿泉水供饮用，可调节胃酸、平衡人体酸碱度；饮用含铁矿泉水后，可治疗缺铁贫血症；氢泉、硫化氢泉洗浴可治疗神经衰弱和关节炎、皮肤病等。

由于温泉的医疗作用及伴随温泉出现的特殊的地质、地貌条件，使温泉常常成为旅游胜地，吸引大批疗养者和旅游者。在日本就有1 500多个温泉疗养院，每年吸引1亿人到这些疗养院休养。我国利用地热治疗疾病的历史悠久，含有各种矿物元素的温泉众多，因此充分发挥地热的医疗作用，发展温泉疗养行业是大有可为的。

未来随着与地热利用相关的高新技术的发展，将使人们能更精确地查明更多的地热资源；钻更深的钻井将地热从地层深处引出，因此地热利用也必将进入一个飞速发展的阶段。

地热能在应用中要注意地表的热应力承受能力，不能形成过大的覆盖率，这会对地表温度和环境产生不利的影响。

地热能集中分布在构造板块边缘一带，该区域也是火山和地震多发区。如果热量提取的速度不超过补充的速度，那么地热能便是可再生的。地热能在世界很多地区应用相当广泛。据估计，每年从地球内部传到地面的热能相当于100万亿千瓦时。不过，地热能的分布相对来说比较分散，开发难度大。

据美国地热资源委员会（GRC）1990年的调查，世界上18个国家有地热发电，总装机容量5 827.55兆瓦，装机容量在100兆瓦以上的国家有美国、菲律宾、墨西哥、意大利、新西兰、日本和印尼。我国的地热资源也很丰富，但开发利用程度很低。主要分布在云南、西藏、河北等省区。

世界地热资源主要分布于以下5个地热带：

①环太平洋地热带。世界最大的太平洋板块与美洲、欧亚、印度板块的碰撞边界，即从美国的阿拉斯加、加利福尼亚到墨西哥、智利，从新西兰、印度尼西亚、菲律宾到中国沿海和日本。世界许多地热田都位于这个地热带，如美国的盖瑟斯地热田，墨西哥的普列托、新西兰的怀腊开、中国台湾的马槽和日本的松川、大岳等地热田。

②地中海、喜马拉雅地热带。欧亚板块与非洲、印度板块的碰撞边界，从意大利直至中国的滇藏。如意大利的拉德瑞罗地热田和中国西藏的羊八井及云南的腾冲地热田均属这个地热带。

③大西洋中脊地热带。大西洋板块的开裂部位，包括冰岛和亚速尔群岛的一些地热田。

④红海、亚丁湾、东非大裂谷地热带。包括肯尼亚、乌干达、扎伊尔、埃塞俄比亚、吉布提等国的地热田。

⑤其他地热区。除板块边界形成的地热带外，在板块内部靠近边界的部位，在一定的地质条件下也有高热流区，可以蕴藏一些中低温地热，如中亚、东欧地区的一些地热田和中国的胶东、辽东半岛及华北平原的地热田。

地热能的利用可分为地热发电和直接利用两大类，而对于不同温度的地热流体可能利用的范围如下：

1. 200℃～400℃直接发电及综合利用；

2. 150℃～200℃双循环发电，制冷，工业干燥，工业热加工；

3. 100℃～150℃双循环发电，供暖，制冷，工业干燥，脱水加工，回收盐类，罐头食品；

4. 50℃～100℃供暖，温室，家庭用热水，工业干燥；

5. 20℃～50℃沐浴，水产养殖，饲养牲畜，土壤加温，脱水加工。

现在许多国家为了提高地热利用率，而采用梯级开发和综合利用的办法，如热电联产联供，热电冷三联产，先供暖后养殖等。

知识点

地热田

地热田是指在目前技术条件下可以采集的深度内，富含可经济开发和利用的地热流体的地域。

它一般包括热储、盖层、热流体通道和热源四大要素，是具有共同的热源，形成统一热储结构，可用地质、物化探方法圈闭的特定范围。

延伸阅读

　　温泉，是泉水的一种，是一种由地下自然涌出的泉水，其水温高于环境年平均温5℃，或华氏10℉以上。形成温泉必须具备地底有热源存在、岩层中具裂隙让温泉涌出、地层中有储存热水的空间3个条件。

太阳能

　　太阳能，一般是指太阳光的辐射能量，在现代一般用作发电。自地球形成生物以来，它们就主要以太阳提供的热和光生存，而自古人类也懂得以阳光晒干物件，并作为保存食物的方法，如制盐和晒咸鱼等。但在化石燃料减少下，才有意把太阳能进一步发展。太阳能的利用有被动式利用（光热转换）和光电转换两种方式。太阳能是一种新兴的可再生能源。广义上的太阳能是地球上许多能量的来源，如风能、化学能、水的势能等等。

　　现在，太阳能的利用还不是很普及，利用太阳能发电还存在成本高、转换效率低的问题，但是太阳能电池在为人造卫星提供能源方面得到了应用。

　　太阳能是太阳内部或者表面的黑子连续不断的核聚变反应过程产生的能量。地球轨道上的平均太阳辐射强度为1 367W/m²。地球赤道的周长为40 000km，从而可计算出，地球获得的能量可达173 000tW（功率单位tW，中文为太瓦，$1tW = 10^{12}W$）。在海平面上的标准峰值强度为$1kW/m^2$，地球表面某一点24h的年平均辐射强度为$0.20kW/m^2$，相当于有102 000tW的能量，人类依赖这些能量维持生存，其中包括所有其他形式的可再生能源（核能、地热能资源除外），虽然太阳能资源总量相当于现在人类所利用的能源的1万多倍，但太阳能的能量密度低，而且它因地而异，因时而变，这是开发利用太阳能面临的主要问题。太阳能的这些特点会使它在整个综合能源体系中的作用受到一定的限制。

　　尽管太阳辐射到地球大气层的能量仅为其总辐射能量的二十二亿分之一，

但已高达173 000tW，也就是说太阳每秒钟照射到地球上的能量就相当于500万吨标准煤。地球上的风能、水能、海洋温差能、波浪能和生物质能以及部分潮汐能都是来源于太阳的；即使是地球上的化石燃料（如煤、石油、天然气等）从根本上说也是远古以来贮存下来的太阳能，所以广义的太阳能所包括的范围非常大，狭义的太阳能则限于太阳辐射能的光热、光电和光化学的直接转换。

太阳能既是一次能源，又是可再生能源。它资源丰富，既可免费使用，又无需运输，对环境无任何污染。为人类创造了一种新的生活形态，使社会及人类进入一个节约能源减少污染的时代。

太阳能电池

太阳能电池是一对光伏效应并能将光能转换成电力的器件。能产生光伏效应的材料有许多种，如：单晶硅、多晶硅、非晶硅、砷化镓、硒铟铜等。它们的发电原理基本相同，现以晶体为例描述光发电过程。P型晶体硅经过掺杂磷可得N型硅，形成P－N结。

当光线照射太阳能电池表面时，一部分光子被硅材料吸收；光子的能量传递给了硅原子，使电子发生了跃迁，成为自由电子在P－N结两侧集聚形成了电位差，当外部接通电路时，在该电压的作用下，将会有电流流过外部电路产生一定的输出功率。这个过程的实质是：光子能量转换成电能的过程。

优点：

（1）普遍：太阳光普照大地，没有地域的限制，无论陆地或海洋，无论高山或岛屿，处处皆有，可直接开发和利用，且勿须开采和运输。

（2）无害：开发利用太阳能不会污染环境，它是最清洁的能源之一，在环境污染越来越严重的今天，这一点是极其宝贵的。

（3）巨大：每年到达地球表面上的太阳辐射能约相当于160万亿吨标准

煤，其总量属现今世界上可以开发的最大能源。

（4）长久：根据目前太阳产生的核能速率估算，氢的贮量足够维持上百亿年，而地球的寿命也约为几十亿年，从这个意义上讲，可以说太阳的能量是用之不竭的。

缺点：

（1）分散性：到达地球表面的太阳辐射的总量尽管很大，但是能流密度很低。平均说来，北回归线附近，夏季在天气较为晴朗的情况下，正午时太阳辐射的辐照度最大，在垂直于太阳光方向 1 平方米面积上接收到的太阳能平均有 1 000 W 左右；若按全年日夜平均，则只有 200 W 左右。而在冬季大致只有一半，阴天一般只有 1/5 左右，这样的能流密度是很低的。因此，在利用太阳能时，想要得到一定的转换功率，往往需要面积相当大的一套收集和转换设备，造价较高。

（2）不稳定性：由于受到昼夜、季节、地理纬度和海拔高度等自然条件的限制以及晴、阴、云、雨等随机因素的影响，所以，到达某一地面的太阳辐照度既是间断的，又是极不稳定的，这给太阳能的大规模应用增加了难度。为了使太阳能成为连续、稳定的能源，从而最终成为能够与常规能源相竞争的替代能源，就必须很好地解决蓄能问题，即把晴朗白天的太阳辐射能尽量贮存起来，以供夜间或阴雨天使用，但目前蓄能也是太阳能利用中较为薄弱的环节之一。

（3）效率低和成本高：目前太阳能利用的发展水平，有些方面在理论上是可行的，技术上也是成熟的。但有的太阳能利用装置，因为效率偏低，成本较高，总的来说，经济性还不能与常规能源相竞争。在今后相当长的一段时期内，太阳能利用的进一步发展，主要受到经济性的制约。

知识点 >>>>>

单晶硅

单晶硅也叫硅单晶，是一种比较活泼的非金属元素，是晶体材料的重要组成部分，一直处于新能源发展的前沿。主要用于半导体材料和太阳能光伏产业。

延伸阅读

多晶硅（polycrystalline silicon），单质硅的一种形态。高温熔融状态下，具有较大的化学活泼性，能与几乎任何材料作用。具有半导体性质，是极为重要的优良半导体材料。多晶硅又是生产单晶硅的直接原料，是当代人工智能、自动控制、信息处理、光电转换等半导体器件的电子信息基础材料。被称为"微电子大厦的基石"。

海洋温差能

海洋温差能，又称海洋热能。利用海洋中受海洋垂直方向上有着温度差（太阳能加热的暖和的表层水与较冷的深层水之间的温差）进行发电而获得的能量。在南北纬30°之间的大部分海面，表层和深层海水之间的温差在20℃左右；如果在南、北纬20°海面上，每隔15千米建造一个海洋温差发电装置，理论上最大发电能力估计为500亿千瓦。赤道附近太阳直射多，其海域的表层温度可达25℃~28℃，波斯湾和红海由于被炎热的陆地包围，其海面水温可达35℃。而在海洋深处500~1000m处海水温度却只有3℃~6℃。这个垂直的温差就是一个可供利用的巨大能源。在大部分热带和亚热带海区，表层水温和1000m深处的水温相差20℃以上，这是热能转换所需的最小温差。据估计，如果利用这一温差发电，其功率可达2tW。

海洋热能主要来自于太阳能。世界大洋的面积浩瀚无边，热带洋面也相当宽广。海洋热能用过后即可得到补充，很值得开发利用。据计算，从南纬20°到北纬20°的区间海洋洋面，只要把其中一半用来发电，海水水温仅平均下降1℃，就能获得600亿千瓦的电能，相当于目前全世界所产生的全部电能。专家们估计，单在美国的东部海岸由墨西哥湾流出的暖流中，就可获得美国在1980年需用电量的75倍。

如何有效地利用海水温度差能量来为人类服务呢？法国的 Arsened Arsonval 于1881年首次提出海洋温度差发电的构想。即发明利用海水表层（热源）和深层（冷源）之间的温度差发电的电站。于是1930年 Claude 在古巴的近海，首次利用海洋温度差能量发电成功，但是，由于发电系统的水泵等所耗电力比其所发出的电力更大，结果纯发电量为负值。然而人们并没有泄气。1979年，夏威夷的 MINI-OTEC 发电系统第一次发出了15kW的净发电容量。

根据所用工质及流程的不同，一般可分为开式循环、闭式循环和混合式循环，目前接近实用化的是闭式循环方式。

1. 开式循环发电系统

该系统主要由真空泵、冷水泵、温水泵、冷凝器、蒸发器、汽轮机、发电机组等组成。

真空泵将系统内抽到一定真空，启动温水泵把表层的温海水抽入蒸发器，由于系统内已保持有一定的真空度，所以温海水就在蒸发器内沸腾蒸发，变为蒸汽。蒸汽经管道由喷嘴喷出推动汽轮机运转，带动发电机发电。从汽轮机排出的废汽进入冷凝器，被由冷水泵从深层海水中抽上的冷海水所冷却，重新凝结为水，并排入海中。在该系统中作为工质的海水，由泵吸入蒸发器蒸发到最后排回大海，并未循环利用，故该工作系统称为开式循环系统。

在开式循环系统中，其冷凝水基本上是去盐水，可以作为淡水供应需要，但因以海水作工作流体和介质，蒸发器与冷凝器之间的压力非常小，因此必须充分注意管道等的压力损耗，同时为了获得预期的输出功率，必须使用极大的透平（可以和风力涡轮机相比）。

2. 闭式循环发电系统

该系统不以海水而采用一些低沸点的物质（如丙烷、异丁烷、氟利昂、氨等）作为工作流体，在闭合回路中反复进行蒸发、膨胀、冷凝。因为系统使用低沸点工作流体，蒸汽的压力得到提高。

系统工作时，温水泵把表层温海水抽上送往蒸发器，通过蒸发器内的盘管把一部分热量传递给低沸点的工作流体，例如氨水，氨水从温海水吸收足够的热量后，开始沸腾并变为氨气（氨气压强约为 $9.5 \times 10^4 Pa$）。氨气经过汽轮机的叶片通道，膨胀做功，推动汽轮机旋转。汽轮机排出的氨气进入冷凝器，被冷水泵抽上的深层冷海水冷却后重新变为液态氨，用氨泵把冷凝器中的液态氨重新压进蒸发器，以供循环使用。

闭式循系环统的工作流体要根据发电条件（涡轮机条件、热交换器条件）以及环境条件等来决定。现在已用氨、氟利昂、丙烷等工作流体，其中氨在经济性和热传导性等方面有突出优点，很有竞争力，但在管路安装方面还存在一些问题。

闭式循环系统的优点是：（1）可采用小型涡轮机，整套装置可以实现小型化；（2）海水不用脱气，免除了这一部分动力需求。其缺点是：因为蒸发器和凝汽器采用表面式换热器，导致这一部分体积巨大，金属消耗量大，维护困难。

3. 混合循环发电系统

该系统基本与闭式循环相同，但用温海水闪蒸出来的低压蒸汽来加热低沸点工质。这样做的好处在于减少了蒸发器的体积，可节省材料，便于维护。

从海洋温差发电设备的设置形式来看，大致分成陆上设备型和海上设备型两类。陆上型是把发电机设置在海岸，而把取水泵延伸到 500 ~ 1 000 米或更深的深海处。例如 1981 年 11 月，日本在太平洋赤道地区的瑙鲁共和国修建的世界上第一座功率为 100 千瓦的岸式热能转换站，即采用一条外径为 0.75 米、长 1 250 米的聚乙烯管深入 580 米的海底设置取水口。这种设置形式很有发展前途。海上型是把吸水泵从船上吊挂下去，发电机组安装在船上，电力通过海底电缆输送。海上设备型又可分成 3 类，即浮体式（包括表面浮体式、半潜式、潜水式）、着底式和海上移动式。例如，1979 年在美国夏威夷建成的"MINI – OTEC"发电装置，即安装在一艘 268 吨的海军驳船上，利用一根直径 0.6 米、长 670 米的聚乙烯冷水管垂直伸向海底吸取冷水。

海洋温差能的发电过程

1. 将海洋表层的温水抽到常温蒸发器，在蒸发器中加热氨水、氟利昂等流动媒体，使之蒸发成高压气体媒体。

2. 将高压气体媒体送到透平机，使透平机转动并带动发电机发电，同时高压气体媒体变为低压气体媒体。

3. 将深水区的冷水抽到冷凝器中，使由透平机出来的低压气体媒体冷凝成液体媒体。

4. 将液体媒体送到压缩器加压后，再将其送到蒸发器中去，进行新的循环。

海洋温差能的特点

海洋占地球表面的70%。由于这个能量来自太阳，可以说取之不尽，用之不竭。②海水温度差只有20℃且属于低品位能量，最大转换效率只有4%左右。③属于自然能源，不会造成环境污染，与其他自然能源相比，可以不分昼夜，不受时间季节气候等条件的限制，能量供应稳定。④由于海水具有腐蚀性、生物污损性，因此设备应考虑使用耐腐蚀、少污染材料，同时要考虑耐生物污损的对策，由于深海抽上来的海水含有较多的营养成分，有利于提高海洋渔业产量。

利用热带洋面海水和760米深处的冷海水之间温度差发电。海洋热能转换装置最大优点是可以不受潮汐变化和海浪影响而连续工作。另外，它不但不产生空气污染物或放射性废料，而且它的副产品是优质的淡化海水。热带海面的水温通常约在27℃，深海水温则保持在冰点以上几摄氏度。这样的温度梯度使得海洋热能转换装置的能量转换只达3%～4%。因此，海洋热能转换装置必须动用大量的水，方可弥补自身效率低的缺点。实际上20%～40%的电力用来把水通过进水管道抽入装置内部和热能转换装置四周。尽管OTEC装置仍存在不少工程技术和成本方面的问题，但它毕竟有很大潜力。未来学家认为，它是全世界从石油向未来无污染的氢燃料过渡的重要组成部分。有的科学家认为，OTEC对环境无害，并可能提供人类所需的全部能量。

鉴于上述特点，美国、日本等海洋资源丰富的国家，目前正在积极研究及应用海洋温差发电系统。使之在资源短缺的今天，成为人类的有力选择。

我国海洋温差能分布

中国的南海海域辽阔，水深大于800米的海域约140～150万平方千米，位于北回归线以南，太阳辐射强烈，是典型的热带海洋，表层水温均在25℃

以上。800～5 000米以下的深层水温在5℃以下，表、深层水温差在20℃～24℃，蕴藏着丰富的温差能资源。据初步计算，南海温差能资源理论蕴藏量约为（1.19～1.33）×10^{19}千焦耳，技术上可开发利用的能量（热效率取7%）约为（8.33～9.31）×10^{17}千焦耳，实际可供利用的资源潜力（工作时间取50%，利用资源10%）装机容量达13.21～14.76亿千瓦。我国台湾岛以东海域表层水温全年在24℃～28℃，500～800米以下的深层水温在5℃以下，全年水温差20℃～24℃。据台湾电力专家估计，该区域温差能资源蕴藏量约2.16×10^{14}千焦耳。

中国温差能资源蕴藏量大，在各类海洋能资源中占居首位，这些资源主要分布在南海和台湾以东海域，尤其是南海中部的西沙群岛海域和台湾以东海区，具有日照强烈，温差大且稳定，全年可开发利用，冷水层离岸距离小，近岸海底地形陡峻等优点，开发利用条件良好，可作为国家温差能资源的先期开发区。

知识点

墨西哥湾流

墨西哥湾流是世界上第一大海洋暖流。墨西哥湾流虽然有一部分来自墨西哥湾，但它的绝大部分来自加勒比海。当南、北赤道流在大西洋西部汇合之后，便进入加勒比海，通过尤卡坦海峡，其中的一小部分进墨西哥湾，再沿墨西哥海湾海岸流动，海流的绝大部分是急转向东流去，从美国佛罗里达海峡进入大西洋。这支进入大西洋的湾流起先向北，然后很快双向东北方向流去，横跨大西洋，流向西北欧的外海，一直流进寒冷的北冰洋水域。它的厚度200～500米，流速2.05米/秒，输送的水量比黑潮大1.5倍。

湾流蕴含着巨大的热量，它所散发的热量，恐怕比全世界一年所用燃煤产生的热量还要多。由于它的到来，英吉利海峡两岸每1米长的土地享受着相当每年燃烧6万吨标准煤所发出的温暖。

延伸阅读

能源，亦称能量资源或能源资源，是指可产生各种能量（如热能、电能、光能和机械能等）或可做功的物质的统称。是指能够直接取得或者通过加工、转换而取得有用能的各种资源，包括煤炭、原油、天然气、煤层气、水能、核能、风能、太阳能、地热能、生物质能等一次能源和电力、热力、成品油等二次能源，以及其他新能源和可再生能源。

能源是人类活动的物质基础。在某种意义上讲，人类社会的发展离不开优质能源的出现和先进能源技术的使用。在当今世界，能源的发展，能源和环境，是全世界、全人类共同关心的问题，也是社会经济发展的重要问题。

人造太阳

所谓"人造太阳"，即超导托卡马克实验装置，也即国际热核聚变实验堆（ITER）计划建设工程，是当今世界迄今为止最大的热核聚变实验项目，旨在在地球上模拟太阳的核聚变，利用热核聚变为人类提供源源不断的清洁能源。核聚变能以氘氚为燃料，具有安全、洁净、资源无限3大优点，是最终解决全人类能源问题的战略新能源。

多年来的热核聚变研究一直围绕着一个主题，就是要实现可控的核聚变反应，造出一个人造太阳，一劳永逸地解决人类的能源之需。

地球上的化石燃料已经所剩无几，人类如何找到理想的替代能源？50多年来的热核聚变研究一直围绕着一个主题，那就是要实现可控的核聚变反应，造出一个人造太阳，一劳永逸地解决人类发展的能源之需。国际热核聚变试验堆的即将启动为人类实现这个梦想带来了曙光。再过50年，人们能看到人造太阳吗？

万物生长靠太阳，人类生存自然也离不开太阳。我们生火煮饭的柴草来自太阳，水力发电来自太阳，汽车里燃烧的汽油来自太阳……实际上，迄今为

托卡马克实验装置

止，除了核能、地热能以外，我们使用的所有能源几乎都来自太阳。太阳像所有的恒星一样进行着简单的热核聚变，向外无休止地辐射着能量。

我们现今所使用的能源，有些直接来自太阳，有些是太阳能转化的能源，像水能、风能、生物质能，有些是早期由太阳能转化来的一直储存在地球上的能源，像煤炭、石油这样的化石燃料。人类社会发展到今天，仅靠太阳给予的可用能源已经不够用了。人类能源消耗快速增加，水能的开发几近到达极限，风能、太阳能无法形成规模。我们今天使用的主要能源是化石燃料，再有100多年即将用尽。人们还抱怨化石燃料对大气造成了污染，增加了温室气体。要知道它们是太阳和地球用了上亿年才形成的，但只够人类使用三四百年，而且它们是不可再生的。另外，煤炭、石油等是人类重要的自然资源，作为燃料烧掉是非常可惜的。人们无不担心，煤和石油烧完了，而其他能源又接替不上该怎么办呢？能源危机开始困扰着人类，人们一直在寻找各种可能的未来能源，以维持人类社会的持续发展。

细心的人会发现，在元素周期表中，虽然元素是由质子和中子成对增加依次构成的，但是原子的重量却不是按质子和中子的增加而等量增加的。在较轻的原子中，质子和中子的重量偏重，如果两个轻的原子合成一个重原子，两个轻原子的原子量之和往往重于合成的重原子。同样，在较重的原子中，质子和中子的重量也偏重，一个重原子分裂为两个轻原子，重原子的原子量一般重于

161

两个轻原子之和。只是在铁元素附近的原子中，质子和中子的重量偏轻。由此可见，在原子核反应中，质量是不守恒的，即出现了所谓的质量亏损。这些质量到哪里去了呢？按照爱因斯坦的质能关系公式 $E = mc^2$，亏损的质量转换为能量，由于 c^2 是个巨大的系数，很小的质量就可释放出巨大的能量。科学家正是基于这一点，利用重金属的核裂变制造出了原子弹，利用轻元素的核聚变制造出了氢弹。

原子弹和氢弹的巨大威力令人惧怕，同时也让人们兴奋，因为原子中蕴藏的能量太大了，能否利用这种能源是人们自然想到的问题。原子弹和氢弹中的巨大能量是在瞬间释放出来的，而要作为常规能源使用，就必须实现可控制的核裂变和核聚变。对于核裂变来说，控制起来相对比较容易，裂变核电站早已经实现商业运行。但能用来产生核裂变的 ^{235} 铀等重金属元素在地球上含量稀少，而且常规裂变反应堆会产生长寿命的放射性较强的核废料，这些因素限制了裂变能的发展。

对人们来说，最具诱惑力的自然是核聚变，它的单位质量产生的能量比核裂变还要大几倍。实际上，宇宙中最常见的就是氢元素的聚变反应，所有的恒星几乎都在燃烧着氢，因为氢是宇宙中最丰富的元素。氢的聚变反映在太阳上（还有少量其他核聚变）已经持续了近 50 亿年，至少还可以再燃烧 50 亿年。氢在地球上也是非常丰富的，每个水分子中都有 2 个氢原子，但最容易实现的聚变反应是氢的同位素——氘与氚的聚变（氢弹就是这种形式的聚变）。氘和氚发生聚变后，2 个原子核结合成 1 个氦原子核，并放出 1 个中子和 17.6 兆电子伏特能量。就氘来说，它是海水中重水（水分子为 H_2O，重水为 D_2O，只占海水中的一小部分）的组成元素，海水中大约每 6 500 个氢原子中有 1 个氘原子。每升水约含 30 毫克氘（产生的聚变能量相当于 300 升汽油），其储量多达40 万亿吨。一座 1 000 兆瓦的核聚变电站，每年耗氘量只需 304 千克，海水中的氘足够人类使用上百亿年，这就比太阳的寿命还要长了，更不要说再使用氢了。另外，除氚具有放射性危险之外，氘—氚聚变反应不产生长寿命的强放射性核废料，其少量放射性废料也很快失去放射性。氘—氘聚变反应没有任何放射性。可以说氢及其同位素的聚变反应是一种高效清洁的能源，而且真正是用之不竭。既然恒星上都在进行着这样的核聚变，地球上也不缺这种核聚变的原料，只要实现可控的核聚变，就可以造出一个供人们永久使用的"太阳"。实际上，自从人们揭开太阳燃烧的秘密以来，就一直希望模仿太阳在地球上实现核聚变从而为人类提供无尽的能源。尽管50多年过去了，人们只见到了氢弹的爆炸，而没有看到一座核聚变发电站的出现，但它诱人的前景依然是人们心中一个割舍不去的梦。

根据"可控热核聚变"原理研发的"人造太阳"将带来人类能源供应格局的根本性变革。一旦这一成果投入商业运行，将彻底变革世界能源供应格局。

中科院等离子体物理研究所于1994年底在合肥建成中国第一个超导托卡马克HT-7装置，在该装置的基础上，研究所研制了"EAST"实验装置，被称为世界上第一个全超导核聚变"人造太阳"实验装置。

2005年4月27日，EAST总装完成了难度最大的工作——三环套装。三环从里到外的顺序为真空室、内冷屏和纵场磁体，是整个装置的内三层。

2006年1月10日，EAST装置外杜瓦安装成功，这标志着EAST总装第一阶段的全面竣工，为EAST降温通电实验创造了良好的条件。

外真空杜瓦是EAST装置最外层的结构部件。它主要为真空室等内部部件提供真空工作环境，隔绝内部部件与环境的自由热交换，以实现对运行温度的控制，从而满足总体设计要求。在太阳上由于引力巨大，氢的聚变可以自然地发生，但在地球上的自然条件下却无法实现自发的持续核聚变。在氢弹中，爆发是在瞬间发生并完成的，可以用一个原子弹提供高温和高压，引发核聚变，但在反应堆里，不宜采用这种方式，否则反应会难以控制。

根据核聚变发生的机理，要实现可控制的核聚变实际上比造个太阳要难多了。我们知道，所有原子核都带正电，两个原子核要聚到一起，必须克服静电斥力。两个核之间靠得越近，静电产生的斥力就越大，只有当它们之间互相接近的距离达到大约万亿分之三毫米时，核力（强作用力）才会伸出强有力的手，把它们拉到一起，从而放出巨大的能量。要使它们联起手来并不难，难的是既要让它们有拉手的机会又不能让他们过于频繁地拉手。要使它们有机会拉手，就要使粒子间有足够的高速碰撞的机会，这可以增加原子核的密度和运动速度。但增加原子核的密度是有限制的，否则一旦反应加速，自身放出的能量会使反应瞬间爆发。据计算，在维持一定的密度下，粒子的温度要达到1亿至2亿℃才行，这要比太阳上的温度（中心温度1 500万℃，表面也有6 000℃）

还要高许多。但这样高的温度拿什么容器来装它们呢？

这个问题并没有难倒科学家，20 世纪 50 年代初，前苏联科学家塔姆和萨哈罗夫提出磁约束的概念。前苏联库尔恰托夫原子能研究所的阿奇莫维奇按照这样的思路，不断进行研究和改进，于 1954 年建成了第一个磁约束装置。他将这一形如面包圈的环形容器命名为托卡马克（tokamak）。托卡马克是"磁线圈圆环室"的俄文缩写，又称环流器。这是一个由封闭磁场组成的"容器"，像一个中空的面包圈，可用来约束电离了的等离子体。我们知道，一般物质到达 10 万℃时，原子中的电子就脱离了原子核的束缚，形成等离子体。等离子体是由带正电的原子核和带负电的电子组成的气体，整体是电中性的。在磁场中，它们的每个粒子都是显电性的，带电粒子会沿磁感线做螺旋式运动，所以等离子体就这样被约束在这种环形的磁场中。这种环形的磁场又叫磁瓶或磁笼，看不见，摸不着，也不接触有形的物体，因而也就不怕什么高温了，它可以把炙热的等离子体托举在空中。人们本来设想，有了"面包炉"，只需把氘、氚放入炉内加火烤制，把握好火候，能量就应该流出来。其实不然，人们接着遇到的麻烦是，在加热等离子体的过程中能量耗散严重，温度越高，耗散越大。一方面，高温下粒子的碰撞使等离子体的粒子会一步一步地横越磁感线，携带能量逃逸；另一方面，高温下的电磁辐射也要带走能量。这样，要想把氘、氚等离子体加热到所需的温度，不是件容易的事。另外，磁场和等离子体之间的边界会逐渐模糊，等离子体会从磁笼里钻出去，而且当约束等离子体的磁场一旦出现变形，就会变得极不稳定，造成磁笼断开或等离子体碰到聚变反应室的内壁上。步步逼近托卡马克中等离子体的束缚是靠纵场（环向场）线圈，产生环向磁场，约束等离子体，极向场控制等离子体的位置和形状，中心螺管也产生垂直场，形成环向高电压，激发等离子体，同时加热等离子体，也起到控制等离子体的作用。

几十年来，人们一直在研究和改进磁场的形态和性质，以达到长时间的等离子体的稳定约束；还要解决等离子体的加热方法和手段，以达到聚变所要求的温度；在此基础上，还要解决维持运转所耗费的能量大于输出能量的问题。每一次等离子体放电时间的延长，人们都为之兴奋；每一次温度的提高，人们都为之欢呼；每一次输出能量的提高，都意味着我们离聚变能的应用更近了一步。尽管取得了很大进步，但障碍还是没有被克服。到目前为止，托卡马克装置都是脉冲式的，等离子体约束时间很短，大多以毫秒计算，个别可达到分钟级，还没有一台托卡马克装置实现长时间的稳态运行，而且在能量输出上也没有做到不赔本运转。

为了维持强大的约束磁场，电流的强度非常大，时间长了，线圈就要发热。从这个角度来说，常规托卡马克装置不可能长时间运转。为了解决这个问题，人们把最新的超导技术引入到托卡马克装置中，也许这是解决托卡马克稳态运转的有效手段之一。目前，法国、英国、俄罗斯和中国共有 4 个超导的托卡马克装置在运行，它们都只有纵向场线圈采用超导技术，属于部分超导。其中法国的超导托卡马克 Tore-Supra 体积较大，它是世界上第一个真正实现高参数准稳态运行的装置，在放电时间长达 120 秒的条件下，等离子体温度为 2000 万℃，中心粒子密度每立方米 1.5×10^{19} 个。中国和韩国建造的全超导托卡马克装置，目标是实现托卡马克更长时间的稳态运行。

50 多年来，全世界共建造了上百个托卡马克装置，在改善磁场约束和等离子体加热上下足了功夫。在 20 世纪 70 年代，人们对约束磁场研究有了重大进展，通过改变约束磁场的分布和位形，解决了等离子体粒子的侧向漂移问题。世界范围内掀起了托卡马克的研究热潮。美国、欧洲、英国、前苏联建造了 4 个大型托卡马克，即美国 1982 年在普林斯顿大学建成的托卡马克聚变实验反应堆（TFTR），欧洲 1983 年 6 月在英国建成更大装置的欧洲联合环（JET），1985 年建成的 JT - 60，前苏联 1982 年建成超导磁体的 T - 15，它们后来在磁约束聚变研究中作出了决定性的贡献。特别是欧洲的 JET 已经实现了氘、氚的聚变反应。1991 年 11 月，JET 将含有 14% 的氚和 86% 的氘混合燃料加热到了 3 亿℃，聚变能量约束时间达 2 秒。反应持续 1 分钟，产生了 10^{18} 个聚变反应中子，聚变反应输出功率约 1.8 兆瓦。1997 年 9 月 22 日创造了核聚变输出功率 12.9 兆瓦的新纪录。这一输出功率已达到当时输入功率的 60%。不久输出功率又提高到 16.1 兆瓦。在托卡马克上最高输出与输入功率比已达 1.25。

中国的核聚变研究也有较快的发展，西南物理研究院 1984 年建成中国环流器一号（HL - 1），1995 年建成中国环流器新一号。中国科学院等离子体物理研究所 1995 年建成超导装置 HT - 7。HT - 7 是苏联无偿赠送给中国的一套纵向超导的托卡马克实验装置，经等离子体物理研究所的不断改进，它已成为一个庞大的实验系统。它包括 HT – 7 超导托卡马克装置本体、大型超高真空系统、大型计算机控制和数据采集处理系统、大型高功率脉冲电源及其回路系统、全国规模最大的低温氦制冷系统、兆瓦级低杂波电流驱动和射频波加热系统以及数十种复杂的诊断测量系统。在十几次实验中，取得若干具有国际影响的重大科研成果。特别是在 2003 年 3 月 31 日，实验取得了重大突破，获得超过 1 分钟的等离子体放电，这是继法国之后第二个能产生分钟量级高温等离子体放电的托卡马克装置。在 HT – 7 的基础上，等离子体物理研究所研制和设计了全超导托卡马克装置 HT – 7U（后来名字更改为 EAST, Experimental Advanced Superconducting Tokamak）。

　　EAST 或者称"实验型先进超导托卡马克"，是一台全超导托卡马克装置，受到国际同行的瞩目。国际专家普遍认为，EAST 可能将成为世界上第一个可实现稳态运行、具有全超导磁体和主动冷却第一壁结构的托卡马克。该装置有真正意义的全超导和非圆截面特性，更有利于科学家探索等离子体稳态先进运行模式，其工程建设和物理研究将为"国际热核聚变实验堆"的建设提供直接经验和基础。

　　为了达到聚变所要求的条件，托卡马克已经变为一个高度复杂的装置，十八般武艺全用上了，其中有超大电流、超强磁场、超高温、超低温等极限环境，对工艺和材料也提出了极高的要求，从堆芯上亿摄氏度的高温到线圈中零下 269 摄氏度的低温，就可见一斑。

　　根据计划，首座热核反应堆于 2006 年开工，总造价为约 40 亿欧元。聚变功率至少达到 500 兆瓦。等离子体的最大半径 6 米，最小半径 2 米，等离子体电流 1 500 万安培，约束时间至少维持 400 秒。未来发展计划包括一座原型聚变堆在 2025 年前投入运行，一座示范聚变堆在 2040 年前投入运行。

　　ITER 的相关会议确定，反应堆所在国出资 48%，其他国家各出资 10%。目前各项细节谈判正在紧锣密鼓地进行之中，反应堆建在哪里还没有最终确定。

　　尽管 ITER 计划采用了最先进的设计，综合了以往的经验和成果，比如采用全超导技术，但它的确还面临重重挑战。即使它能如期在 2013 年如期建成，这个 10 层楼高的庞大机器能否达到预期目标也还是个未知数。诸如探索新的加热方式与机制为实现聚变点火，改善等离子体的约束性能，反常输运与涨落现象研究等前沿课题，偏滤器的排灰、大破裂的防御、密度极限、长脉冲 H -模的维持、中心区杂质积累等工程技术难关还有待于各国科技工作者群力攻关。即使对 ITER 的科学研究真的成功了，聚变发电站至少还要 30 ~ 50 年以后才能实现。

知识点

核 聚 变

核聚变，是指由质量小的原子，主要是指氘或氚，在一定条件下（如超高温和高压），发生原子核互相聚合作用，生成新的质量更重的原子核，并伴随着巨大的能量释放的一种核反应形式。

延伸阅读

中子，是组成原子核的核子之一。中子是组成原子核构成化学元素不可缺少的成分，虽然原子的化学性质是由核内的质子数目确定的，但是如果没有中子，由于带正电荷质子间的排斥力，就不可能构成除氢之外的其他元素。

太阳能热水器

太阳能热水器是利用太阳的能量将水从低温度加热到高温度的装置，是一种热能产品。太阳能热水器是由全玻璃真空集热管、储水箱、支架及相关附件组成，把太阳能转换成热能主要依靠玻璃真空集热管。集热管受阳光照射面温度高，集热管背阳面温度低，而管内水便产生温差反应，利用热水上浮冷水下沉的原理，使水产生微循环而达到所需的热水。

太阳能热水器

太阳能热水器便是太阳能成果应用中的一大产业，它为百姓提供环保、安全节能、卫生的新型热水器产品，太阳能热水器就是吸收太阳的辐射热能，加热冷水提供给人们在生活、生产中使用的节能设备。

随着人们环保意识的不断加强，越来越多的消费者倾向于选择太阳能热水器，但很多人对使用这种产品又不是很了解。在这里，我们将太阳能热水器、电热水器和燃气热水器的性能作一个粗略的比较。

热水产量方面

燃气热水器有 5 升、7 升、8 升等不同的型号，是指在 1 分钟内将水温升高 25℃时所生产的热水量，如果自来水的温度为 25℃，则每分钟可生产 50℃的热水 5 升、7 升或 8 升。

电热水器的标注则是 30 升、60 升、90 升等等，这是指电热水器的容水量，相当于我们在电炉子上加一个水壶，这个水壶的盛水量是 30 升、60 升、90 升。拿一个 8 升的燃气热水器与一个 40 升的电热水器相比较，8 升的燃气热水器可连续不断地生产每分钟 8 升的热水，而电热水器需要间隔半小时加热一罐水。如果这一罐水用完，还要等半小时左右。

太阳能热水器按照年平均气温 15.7℃、年日照时数 2 014 小时、太阳总辐射总量年均为 111.59 千卡/平方米计算，如果集热面积为 2 平方米，年吸收太阳辐射能量为 9.37×106 千焦，按把水温升高 35℃计算（基础水温 10℃），全年可提供生活用热水（45℃）53.5 吨，每人每次洗澡用热水约需 50 千克，则全年可洗 1 070 人次，平均每天可洗 2.93 人次。

加热速度方面

目前生产的燃气热水器大多为快速热水器，不论什么时候，只要想用热水，打开燃气阀和水龙头，热水就会流出来。而电热水器需要预先通电半小时左右，才能开始使用。太阳能热水器在天气晴朗的时候使用更好，最理想的楼层在六至八层。

温度稳定性方面

燃气热水器由于是快速加热，并有调整温度装置，只要在使用开始时调到人体感觉舒适的温度，尔后就会一直保持在这一温度恒定地供应热水。

在使用电热水器时需要另外接一根冷水管兑入冷水，当罐内水不断流出，冷水不断加入时，水温就会逐渐下降，直到全部是冷水。所以在使用时，需要不停地去调整冷热水的比例。

太阳能热水器使用起来暂时还不大方便，要上水，且不能保证时时有热水。

功率方面

燃气热水器的功率要比电热水器大很多，拿一个 8 升的燃气热水器和 40 升的电热水器相比较，8 升燃气热水器的功率相当于 16 ~ 17 千瓦，而 40 升的电热水器一般为 3 千瓦，这也是为什么燃气热水器可连续供应热水的缘故。那么，电热水器是否也可做成 16 千瓦的呢？这是不可能的，因为家用电表、电线都无法承受。

价格方面

8 升的燃气热水器价格一般在 800 元以上，再加上安装费，大约在 1 000 元以上，有的甚至接近 2 000 元。电热水器现在都在 500 元以上，加上安装费用，一般不到 1 000 元。太阳能热水器的价格都在 3 000 元以上。

使用费用方面，目前天然气每立方米为 1.7 元，每度电为 0.44 元，而太阳能热水器仅耗水费。

安全性方面

燃气热水器的优点是加热快、出水量大、温度稳定、结水垢少、占地小、不受水量控制。缺点是使用时要排出大量的废气，废气中除了二氧化碳以外，

PUSHUOMILI DE REDONGLIXUE

还有一氧化碳，如果使用时关闭门窗，通风不良，一氧化碳会增加，严重时会发生中毒事故，但如果能正确地了解这一点，使用时注意，也是很安全的；另外，燃气热水器启动水压高，有些住高层的用户如果不装增压泵就无法启动；安装不方便，要在墙上打洞、安排气扇等。

电热水器的优点是能适应任何天气变化，普通家庭可直接安装使用，长时间通电可以大流量供热水；使用时不产生废气，所以从这一点上讲是既安全又卫生，目前市场上销售的电热水器多数还带有防触电装置。缺点是体积大、占用室内空间大、易结水垢、对电能浪费大，最新型的电热水器内置了阳极镁棒除垢装置，解决了产品容易结垢的问题，但阳极镁棒须两年更换一次，给保养带来了麻烦。

太阳能热水器的优点是安全、节能、环保、经济，尤其是带辅助电加热功能的太阳能热水器，它以太阳能为主、电能为辅的能源利用方式，可全年全天候使用。缺点是安装复杂，安装不当会影响住房的外观、质量及城市的市容市貌；因要安装在室外，维护较麻烦。

知识点

一氧化碳

一氧化碳（carbon monoxide，CO），纯品为无色、无臭、无刺激性的气体。分子量28.01，密度0.967g/L，冰点为-207℃，沸点-190℃。在水中的溶解度甚低，但易溶于氨水。空气混合爆炸极限为12.5%~74%。一氧化碳进入人体之后会和血液中的血红蛋白结合，进而使血红蛋白不能与氧气结合，从而引起机体组织出现缺氧，导致人体窒息死亡。因此一氧化碳具有毒性。一氧化碳是无色、无臭、无味的气体，故易于被忽略而致中毒。常见于家庭居室通风差的情况下，煤炉产生的煤气或液化气管道漏气或工业生产煤气以及矿井中的一氧化碳吸入而致中毒。

延伸阅读

　　增压泵，顾名思义就是用来增压的泵，其用途主要有热水器增压用，高楼低水压、桑拿浴、洗浴等加压用，公寓最上层水压不足的加压，太阳能自动增压用等等。种类繁多，有家用增压泵、管道增压泵、消防增压泵、气动增压泵、气液增压泵等等。增压泵用多级离心泵，单级离心泵不足以达到 30 米扬程，根据水的来源选管道离心泵或吸水离心泵。

液晶态与等离子体

　　物质在熔融状态或在溶液状态下虽然获得了液态物质的流动性，但在材料内部仍然保留有分子排列的一维或二维有序，在物理性质上表现出各向异性。这种兼有晶体和液体部分性质的状态称为液晶态，处于这种状态下的物质叫液晶。

　　液晶态——结晶态和液态之间的一种形态，是一种在一定温度范围内呈

液晶显示器

现既不同于固态、液态，又不同于气态的特殊物质态，它既具有各向异性的晶体所特有的双折射性，又具有液体的流动性。一般可分热致液晶和溶致液晶两类。在显示应用领域，使用的是热致液晶，超出一定温度范围，热致液晶就不再呈现液晶态，温度低了，出现结晶现象，温度升高了，就变成液体。

液晶态既像液体具有流动性和连续性，而其分子又保持着固态晶体特有的规则排列方式，具有光学性质各向异性等晶体特征的物理性质。其结构介于晶体和液体之间，所以也称它为介晶态。

由于液晶态物质特殊的微观结构，因而呈现出许多奇妙的性质，如光学透射率、反射率、颜色等性能对外界的力、热、声、电、光、磁等物理环境的变化十分敏感，因而在电子工业等领域里可以大显神通。目前，液晶的应用领域主要有：显示、软件复制、检测器、感受器及分析化学等方面。

离子体又叫做电浆，是由部分电子被剥夺后的原子及原子被电离后产生的正负电子组成的离子化气体状物质，它广泛存在于宇宙中，常被视为是除去固、液、气外，物质存在的第四态。等离子体是一种很好的导电体，利用经过巧妙设计的磁场可以捕捉、移动和加速等离子体。等离子体物理的发展为材料、能源、信息、环境空间、空间物理、地球物理等科学的进一步发展提供了新的技术和工艺。

看似"神秘"的等离子体，其实是宇宙中一种常见的物质，在太阳、恒星、闪电中都存在等离子体，它占了整个宇宙的99%。现在人们已经掌握了利用电场和磁场来控制等离子体的技术，例如焊工们用高温等离子体焊接金属。

等离子体可分为两种：高温和低温等离子体。现在低温等离子体广泛运用于多种生产领域。例如：等离子电视，婴儿尿布表面防水涂层，增加啤酒瓶阻隔性。更重要的是在电脑芯片中的蚀刻运用，让网络时代成为现实。

高温等离子体是在温度足够高时形成的。太阳和恒星不断地发出这种等离子体，组成了宇宙的99%。低温等离子体是在常温下形成的等离子体（虽然电子的温度很高）。低温等离子体可以被用于氧化、变性等表面处理或者在有机物和无机物上进行沉淀涂层处理。

等离子体是物质的第四态，即电离了的"气体"，它呈现出高度激发的不稳定态，其中包括离子（具有不同符号和电荷）、电子、原子和分子。其实，人们对等离子体现象并不生疏。在自然界里，炽热烁烁的火焰、光辉夺目的闪电以及绚烂壮丽的极光等都是等离子体作用的结果。对于整个宇宙来讲，几乎99％以上的物质都是以等离子体态存在的，如恒星和行星际空间等都是由等离子体组成的。用人工方法，如核聚变、核裂变、辉光放电及各种放电都可产生等离子体。分子或原子的内部结构主要由电子和原子核组成。在通常情况下，即上述物质前 3 种形态，电子与核之间的关系比较固定，即电子以不同的能级存在于核场的周围，其势能或动能不大。

等离子体由离子、电子以及未电离的中性粒子的集合组成，整体呈中性的物质状态。

普通气体温度升高时，气体粒子的热运动加剧，使粒子之间发生强烈碰撞，大量原子或分子中的电子被撞掉，当温度高达百万开到 1 亿开，所有气体原子全部电离。电离出的自由电子总的负电量与正离子总的正电量相等。这种高度电离的、宏观上呈中性的气体叫等离子体。

等离子体和普通气体性质不同，普通气体由分子构成，分子之间相互作用力是短程力，仅当分子碰撞时，分子之间的相互作用力才有明显效果，理论上用分子动理论描述。在等离子体中，带电粒子之间的库仑力是长程力，库仑力的作用效果远远超过带电粒子可能发生的局部短程碰撞效果，等离子体中的带电粒子运动时，能引起正电荷或负电荷局部集中，产生电场；电荷定向运动引起电流，产生磁场。电场和磁场要影响其他带电粒子的运动，并伴随着极强的热辐射和热传导；等离子体能被磁场约束做回旋运动等。等离子体的这些特性使它区别于普通气体被称为物质的第四态。

在宇宙中，等离子体是物质最主要的正常状态。宇宙研究、宇宙开发以及卫星、航天、能源等新技术将随着等离子体的研究而进入新时代。

等离子体技术发展史

19 世纪以来对气体放电的研究；19 世纪中叶开始天体物理学及 20 世纪对空间物理学的研究；1950 年前后开始对受控热核聚变的研究；以及低温等离子体技术应用的研究，从 4 个方面推动了这门学科的发展。

19 世纪 30 年代英国的 M·法拉第以及其后的 J·J·汤姆孙、J·S·E·

汤森德等人相继研究气体放电现象，这实际上是等离子体实验研究的起步时期。1879 年英国的 W·克鲁克斯采用"物质第四态"这个名词来描述气体放电管中的电离气体。美国的 I·朗缪尔在 1928 年首先引入等离子体这个名词，等离子体物理学才正式问世。1929 年美国的 L·汤克斯和朗缪尔指出了等离子体中电子密度的疏密波（即朗缪尔波）。

对空间等离子体的探索，也在 20 世纪初开始。1902 年英国的 O·亥维赛等为了解释无线电波可以远距离传播的现象，推测地球上空存在着能反射电磁波的电离层。这个假说为英国的 E·V·阿普顿用实验证实。英国的 D·R·哈特里（1931）和阿普顿（1932）提出了电离层的折射率公式，并得到磁化等离子体的色散方程。1941 年英国的 S·查普曼和 V·C·A·费拉罗认为太阳会发射出高速带电粒子流，粒子流会把地磁场包围，并使它受压缩而变形。

从 20 世纪 30 年代起，磁流体力学及等离子体动力论逐步形成。等离子体的速度分布函数服从福克－普朗克方程。前苏联的 Л·Д·朗道在 1936 年给出方程中由于等离子体中的粒子碰撞而造成的碰撞项的碰撞积分形式。1938 年苏联的 A·A·符拉索夫提出了符拉索夫方程，即弃去碰撞项的无碰撞方程。朗道碰撞积分和符拉索夫方程的提出，标志着动力论的发端。

1942 年瑞典的 H·阿尔文指出，当理想导电流体处在磁场中时，会产生沿磁感线传播的横波（即阿尔文波）。印度的 S·钱德拉塞卡在 1942 年提出用试探粒子模型来研究弛豫过程。1946 年朗道证明当朗缪尔波传播时，共振电子会吸收波的能量造成波衰减，这称为朗道阻尼。朗道的这个理论，开创了等离子体中波和粒子相互作用和微观不稳定性这些新的研究领域。

从 1935 年延续至 1952 年，苏联的 H·H·博戈留博夫、英国的 M·玻恩等从刘维定理出发，得到了不封闭的方程组系列，名为 BBGKY 链。由它可导出符拉索夫方程等，这给等离子体动力论奠定了理论基础。

1950 年以后，因为英、美、苏等国开始大力研究受控热核反应，促使等离子体物理蓬勃发展。热核反应的概念最早出现于 1929 年，当时英国的阿特金森和奥地利的豪特曼斯提出设想，太阳内部轻元素的核之间的热核反应所释放的能量是太阳能的来源，这是天然的自控热核反应。1957 年英国的 J·D·劳孙提出受控热核反应实现能量增益的条件，即劳孙判据。

50 年代以来已建成了一批受控聚变的实验装置，如美国的仿星器和磁镜以及前苏联的托卡马克，这三种是磁约束热核聚变实验装置。60 年代后又建立一批惯性约束聚变实验装置。

环状磁约束等离子体的平衡问题由前苏联的 V·D·沙弗拉诺夫等解决。美国的 M·克鲁斯卡和沙弗拉诺夫导出了最重要的一种等离子体不稳定性，即扭曲不稳定性的判据。1958 年美国的 I·B·伯恩斯坦等提出分析宏观不稳定性的能量原理。处在环状磁场中的等离子体的输运系数首先由前联邦德国的 D·普菲尔施等作了研究（1962），他们给出在密度较大区的扩散系数，前苏联的 A·A·加列耶夫等给出了密度较小区的扩散系散（1967），这一理论适用于托卡马克这类环状磁约束等离子体中的输运过程，被命名为新经典理论。

自从前苏联在 1957 年发射了第一颗人造地球卫星以后，很多国家陆续发射了科学卫星和空间实验室，获得很多观测和实验数据，这极大地推动了天体和空间等离子体物理学的发展。1959 年美国的 J·A·范艾伦预言地球上空存在着强辐射带，这一预言为日后的实验证实，即称为范艾伦带。1958 年美国的 E·N·帕克提出了太阳风模型。1974 年美国的 D·A·格内特根据卫星资料，证认出地球是一颗辐射星体，辐射千米波。

在此期间，一些低温等离子体技术也在以往气体放电和电弧技术的基础上，进一步得到应用与推广，如等离子体切割、焊接、喷镀、磁流体发电，等离子体化工、等离子体冶金以及火箭的离子推进等，都推动了对非完全电离的低温等离子体性质的研究。

等离子体的应用

等离子体传感器和癌症治疗仪：NaomiHalas 描述了等离子体怎样激发小金属层表面，米粒形状的粒子能量很大，做光谱学试验的光是微分子数量级。

在米粒状粒子弯曲顶端处等离子体电场比用来激发等离子体的电场强很多，并且它在很大程度上改进了光谱的速率和精确性。换一种说法，纳米数量级的等离子体不仅可以用来鉴定，还可以用来杀死癌细胞。

等离子体显微镜：IgorSmolyaninov 报道称他和他的同事能够拍下来空间分辨率在 60nm 的物体（如果是实用材料，分辨率能达到 30nm），而用激光激发只能达到515nm。换句话说，用这种分辨率制造的显微镜会比平常使用的衍射方法好得多；而且，这更是远场显微镜——光源不用放在少于光波长的范围内。巨大光极化和光传输：Gennady Shvets 报道当表面的声子被光激发来制造超棱镜（用平板材料透镜化）显微镜是红外线光显微镜波长的1/20。他和他的同事能拍下样品表面下的特征，他们称为"巨大的光传输"，照射到表面的光比一般光的波长小得多。

光频率的未来等离子体电路：NaderEngheta 支持等离子体激发的纳米粒子能够被设计成纳米数量级的电容、电阻和感应器（电路中的各种元素）。

电路能够接收广播（10^{10}Hz）或者是微波（10^{12}Hz）的频率，而该电路却能达到光频率（10^{15}Hz）。这就能实现小型化以及用纳米天线探测光信号的过程，纳米波导，纳米传感器，并且还有可能实现纳米计算机，纳米存储，纳米信号和光分子接口。

等离子体还可以用于以下几方面。

1. 等离子体冶炼：用于冶炼用普通方法难于冶炼的材料，例如高熔点的锆（Zr）、钛（Ti）、钽（Ta）、铌（Nb）、钒（V）、钨（W）等金属；还用于简化工艺过程，例如直接从 ZrCl、MoS、TaO 和 TiCl 中分别获得 Zr、Mo、Ta 和 Ti；用等离子体熔化快速固化法可开发硬的高熔点粉末，如碳化钨—钴、Mo – Co、Mo – Ti – Zr – C 等粉末，等离子体冶炼的优点是产品成分及微结构的一致性好，可免除容器材料的污染。

2. 等离子体喷涂：许多设备的部件应能耐磨耐腐蚀、抗高温，为此需要在其表面喷涂一层具有特殊性能的材料。用等离子体沉积快速固化法可将特种材料粉末喷入热等离子体中熔化，并喷涂到基体（部件）上，使之迅速冷却、固化，形成接近网状结构的表层，这可大大提高喷涂质量。

3. 等离子体焊接：可用以焊接钢、合金钢，铝、铜、钛等及其合金。特点是焊缝平整，可以再加工，没有氧化物杂质，焊接速度快。用于切割钢、铝及其合金，切割厚度大。

知识点

反射率

从非发光体表面反射的辐射与入射到该表面的总辐射之比，它是表征物体表面反射能力的物理量。绝对黑体的反射率为 0，纯白物体的反射率为 1，实际物体的反射率介于 0 与 1 之间，可用小数或百分数表示。

延伸阅读

磁场，能够产生磁力的空间存在着磁场。磁场是一种特殊的物质。磁体周围存在磁场，磁体间的相互作用就是以磁场作为媒介的。电流、运动电荷、磁体或变化电场周围空间存在的一种特殊形态的物质。

超导的发现和应用

超导是某些金属或合金在低温条件下出现的一种奇妙的现象。最先发现这种现象的是荷兰物理学家卡麦林·昂尼斯。

1911 年，卡麦林·昂尼斯首次意外地发现了超导现象：将水银冷却到接近绝对零度时，其电阻突然消失。后来他又发现许多金属（例如铝、锡）和合金都具有与水银相类似的特性：在低温下电阻为零（这一温度叫超导材料的临界温度），由于它的特殊导电性能，昂尼斯称之为超导态。

昂尼斯的这一发现吸引了全世界的科学家，大家纷纷想要揭开超导的奥秘，因为只有了解了超导现象的微观机理，才能使它为人类作出更大的贡献。

卡麦林·昂尼斯

在高温超导体出现以前，使用在液氮温度下的低温超导材料经过 20 余年研究与发展获得了成功。以 NbTi、Nb_3Sn 为代表的实用超导材料已实现了商品化，在核磁共振人体成像、超导磁体及大型加速器磁体等多个领域获得了应用。但是，由于常规低温超导体的临界温度太低，必须在昂贵复杂的液氦系统中使用，因而严重限制了低温超导应用的发展。

1986 年高温氧化物超导体的出现，突破了温度壁垒，把超导应用的温度从液氦提高到了液氮温区。同液氦相比，液氮是一种非常经济的冷媒，并且具有较高的热容量，给工程应用带来了极大的方便。另外，高温超导体都具有相当高的上临界场，能够用来产生 20T 以上的强磁场，这正好克服了常规低温超导材料的不足之处。正因为这些优点，才吸引了大量的科学工作者采用最先进的技术装备，对高临界温度超导机制、材料的物理特性、化学性质、合成工艺及显微组织进行了广泛和深入的研究。

自从高温超导体被发现以来，人们对高温超导薄膜的制备与研究都给予了极大的重视，特别是液氮温度以上的高温超导体的发现，使人们看到了广泛利用超导电子器件优良性能的可能性。想得到性能优良的高温超导器件就必须有质量很好的薄膜，但由于种种因素使制备高质量高 Tc 超导薄膜具有相当大的困难。尽管如此，通过各国科学家十几年来坚持不懈的努力，已取得了很大的进展，高质量的外延 YBCO 薄膜的 Tc 在 90K 以上，零磁场下 77K 时，临界电流密度已超过 $1 \times 10^6 A/cm^2$，工艺已基本成熟，并有了一批高温超导薄膜电子器件问世。

超导电性的实际应用从根本上取决于超导材料的性能。与实用低温超导材料相比，高温超导材料的最大优势在于它应用于液氮温区。20 世纪 90 年代，随着第一代 Bi 系高温超导材料的商业化，美国、日本、欧洲和中国等国和相关大公司都投入了大量的人力和资金，开展高温超导电力的应用研究，相继开展了超导电机、超导变压器、超导输电电缆和超导储能装置等的研究，并取得了许多实质性的进展。

高温氧化物超导体的出现，无疑给超导电子学带来了更为广阔的应用前景。常规超导电子器件早已显示出巨大的优越性，超导量子干涉器件用于测量微弱磁场，灵敏度可比常规仪器高 1～2 个数量级，这使得它在生物磁性测量、寻找矿藏等领域发挥了巨大的作用，超导隧道效应使微波接收机的灵敏度大大提高，超导薄膜数字电路可用来制造高速、超小体积的大型计算机，但由于常规超导器件工作在液氦温区或致冷机所能达到的温度（10～20K）下，这个温区的获得和维持成本相当高，技术也复杂，因而使用常规超导器件的应用范围受到了很大的限制。

高温超导体的临界温度已突破液氮温区，由它所制成的器件可在这个温区下正常地工作，这就打破了常规超导器件的局限性，使超导器件可在更大的范围内发挥作用，而且高温超导体的工作温度和一些半导体器件重合，二者结合起来，就可发展出更多的有用器件。

知识点

超导体

超导是指导电材料在一定条件下电阻转变为零的性质；"超导体"是指能进行超导传输的导电材料。人类最初发现物体的超导现象是在1911年。当时荷兰科学家卡麦林·昂尼斯等人发现，某些材料在极低的温度下，其电阻完全消失，呈超导状态。这以后，超导研究便成为一个重要课题。

延伸阅读

　　1868 年，法国的杨森，最初从日冕光谱内发现太阳中有新元素，即氦。1895 年英国科学家拉姆赛用光谱证明就是氦。以后又陆续从其他矿石、空气和天然气中发现了氦。氦在地壳中的含量极少，在整个宇宙中按质量计占 23%，仅次于氢。氦在空气中的含量为 0.000 5%。氦有两种天然同位素：^{3}氦、^{4}氦，自然界中存在的氦基本上全是 ^{4}氦。

　　1868 年 8 月 18 日，法国天文学家詹森赴印度观察日全食，利用分光镜观察日珥，从黑色月盘背面喷出的红色火焰，看见有彩色的条纹，是太阳喷射出来的炽热其他的光谱。他发现一条黄色谱线，接近钠光谱总的 D1 和 D2 线。日蚀后，他同样在太阳光谱中观察到这条黄线，称为 D3 线。1868 年 10 月 20 日，英国天文学家洛克耶也发现了这样的一条黄线。

　　经过进一步研究，认识到是一条不属于任何已知元素的新线，是因一种新的元素产生的，把这个新元素命名为 helium，来自希腊文 helios（太阳），元素符号定为 He。这是第一个在地球以外，在宇宙中发现的元素。为了纪念这件事，当时铸造一块金质纪念牌，一面雕刻着驾着四匹马战车的传说中的太阳神阿波罗（Apollo）像，另一面雕刻着詹森和洛克耶的头像，下面写着：1868 年 8 月 18 日太阳突出物分析。

　　20 多年后，莱姆塞在研究钇铀矿时发现了一种神秘的气体。由于他研究了这种气体的光谱，发现可能是詹森和洛克耶发现的那条黄线 D3 线。但由于他没有仪器测定谱线在光谱中的位置，他只有求助于当时最优秀的光谱学家之一的伦敦物理学家克鲁克斯。克鲁克斯证明了，这种气体就是氦。这样氦在地球上也被发现了。

节流制冷

骄阳似火的夏天，我们坐到开了空调的汽车里不会感到热气袭人。汽车空调是怎么达到制冷效果的呢？

其实，汽车空调制冷原理同其他制冷装置原理相同。制冷剂工质以液态在蒸发器中吸热制冷，低温液体吸收汽化潜热变成制冷剂气体被压缩机吸入并压缩，被压缩的气体压力和温度都增高，之后流进冷凝器，冷凝器以风冷（汽车空调均为风冷）对制冷剂气体进行冷凝，冷凝后的高温高压液体储存在冷凝器底部及储液器中，冷凝时放出的热量由风机带出并散到车外，当高温高压的液体流经膨胀阀后，以低温低压的液体状态再进入蒸发器吸收汽化潜热而制冷，如此完成制冷循环。

汽车空调和其他空调制冷都一样。把温度通过人为的方式使它下降（或者说把温度从较高的物体转移给较低的物体）叫做"人工制冷"，简称"制冷"。

蒸汽压缩循环式制冷（空调）系统都是通过4个过程来完成的。即：节流过程——蒸发过程——压缩过程——冷凝过程。

节流，通过节流装置，即节流阀（也称调节阀或膨胀阀，在汽车空调中通常叫膨胀阀或孔管）。制冷剂的高压液体经过阀的狭窄通道使其流量和压力得到节流变小而成为低压液体进入蒸发器，此时制冷剂的流量和压力虽然变了，但制冷剂的液体形态仍未改变。

空　调

蒸发，通过热交换装置，即蒸发器。低压液体在其中与外界（驾驶室内）的热量进行热交换（即传热，实际为吸热）而产生沸腾（汽化）现

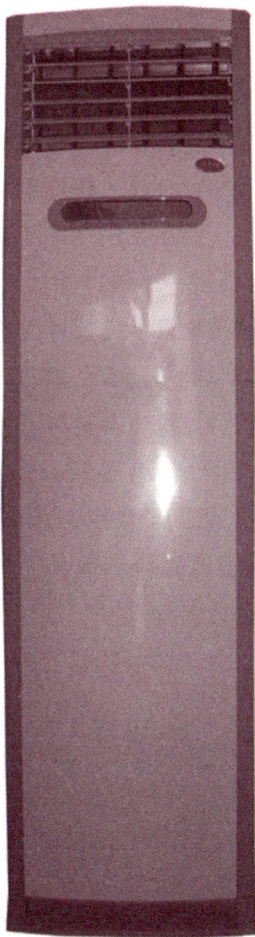

象。从而使空间的温度不断得到降低。沸腾（汽化）后产生低压制冷剂蒸气，从而改变了制冷剂的形态，由低压液体改变成低压气体，但压力未改变。

压缩，通过气体压缩装置，即制冷压缩机。低压低温制冷剂气体被压缩机吸入，经过压缩，变为高压高温气体排出。在这其间只改变了压力，气体的形态未改变。

冷凝，通过热交换装置，即冷凝器（也称散热器）。高压高温制冷剂气体在其中将热量传递给外界（实际为放热）而冷凝（冷却）成高压液体，从而又改变了制冷剂的形态，由高压蒸气改变成高压液体，但压力未改变。

整个制冷过程就是通过这 4 个装置形成一个循环系统来完成的，系统用管道将此连接，制冷剂在此系统中如此反复循环，从而不断使温度得到降低。

为了使制冷能正常进行，系统在冷凝器通向膨胀阀之间加设了储液干燥器（通常称干燥过滤器或干燥瓶），干燥和过滤制冷剂中的水分和杂质，并储存制冷循环所需要的制冷剂。

此外还有一些附属装置，如冷凝器用的散热电子风扇，蒸发器用的鼓风机，这些都是必不可少的。有些在低压侧蒸发器至压缩机之间还加设了气液（油）分离器等。为了使空调系统能安全自动运行，系统在高低压侧分别设置了压力控制器（压力开关）；低压侧的蒸发器上设置了温度控制器（温度感应器或传感器）；整个电气系统由电脑或控制器控制，实现自动化运行。

知识点

冷　凝

冷凝是气体或液体遇冷而凝结，如水蒸气遇冷变成水，水遇冷变成冰。温度越低，冷凝速度越快，效果越好。

延伸阅读

　　蒸发器，一种间壁式热交换设备。低温低压的液态制冷剂在传热壁的一侧汽化吸热，从而使传热壁另一侧的介质被冷却。被冷却的介质通常是水或空气，为此蒸发器可分为两大类，即：1. 冷却液体（水或盐水）的蒸发器，这种蒸发器又可分为卧式壳管式蒸发器（制冷剂在管外蒸发的为满液式，制冷剂在管内蒸发的称干式）和立管式冷水箱。2. 冷却空气的蒸发器，这种蒸发器有可分为两大类，一类是空气做自然对流的蒸发排管，如广泛使用于冷库的墙排管、顶排管，一般是做成立管式、单排蛇管、双排蛇管、双排 U 形管或四排 U 形管式等形式；另一类是空气被强制流动的冷风机，冷库中使用的冷风机系做成箱体形式，空调中使用的通常系做成带肋片的管簇，在这种冷却器中，制冷剂靠压差、液体的重力或液泵产生的压头在管内流动，因为被冷却的介质是空气，空气侧的放热系数很低，所以蒸发器的传热系数也很低。为了提高传热性能，往往是采取增大传热温差、传热管加肋片或增大空气流速等措施来达到目的。此外，还有冷却固体物料的接触式蒸发器。